いろいろな動物の胚（胎児）と成体

写真提供　1, 2：西駕秀俊．3：佐藤賢一．7：佐々木 洋．8：松田 学．他は八杉原図．
（写真の倍率はさまざまである）

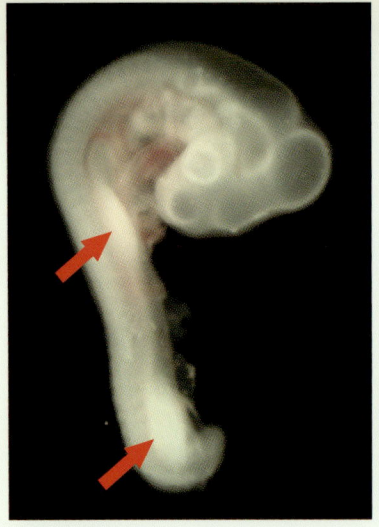

3日胚：肢芽はまだわずかな膨らみに過ぎない．

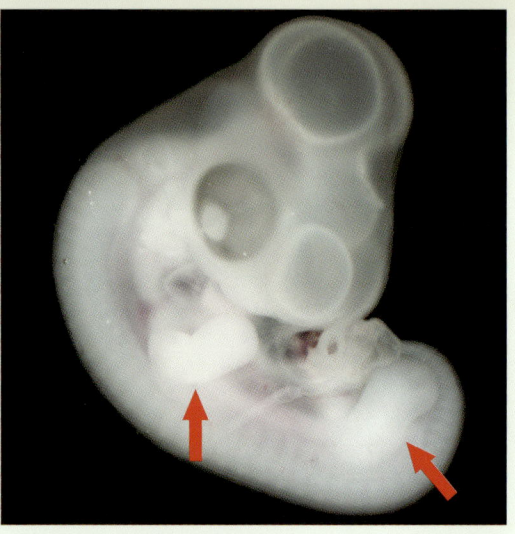

5日胚：肢芽はかなり伸長し，ひじが見えてくる．

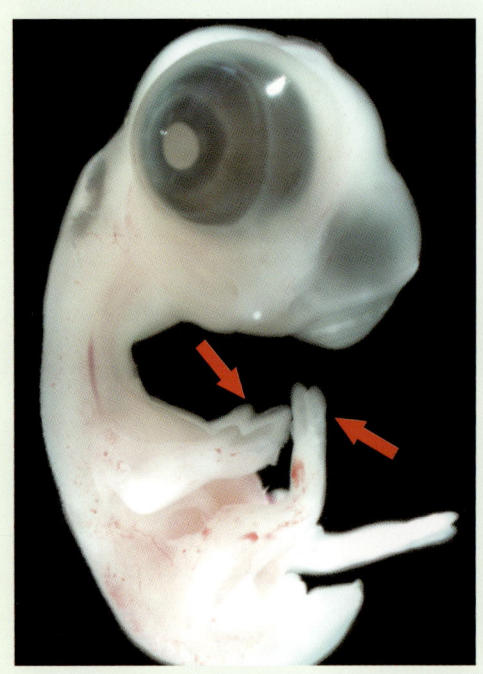

8日胚：すでに指が見えている．

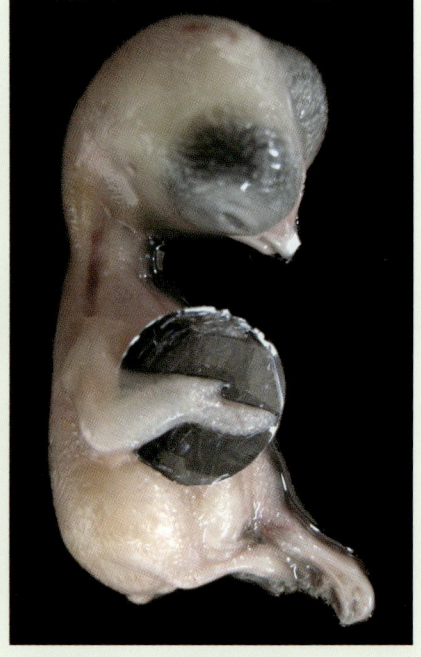

12日胚：前肢芽，後肢芽とも成長した．前肢芽がよく見えるように黒い紙をはさんで撮影．

ニワトリ胚 肢芽の発生

八杉原図（写真の倍率はさまざまである）

新・生命科学シリーズ

動物の形態 —進化と発生—

八杉貞雄／著

太田次郎・赤坂甲治・浅島　誠・長田敏行／編集

裳華房

Evolution and Development of Morphogenesis

by

SADAO YASUGI

SHOKABO

TOKYO

〈(社)出版者著作権管理機構 委託出版物〉

「新・生命科学シリーズ」刊行趣旨

　本シリーズは，目覚しい勢いで進歩している生命科学を，幅広い読者を対象に平易に解説することを目的として刊行する．

　現代社会では，生命科学は，理学・医学・薬学のみならず，工学・農学・産業技術分野など，さまざまな領域で重要な位置を占めている．また，生命倫理・環境保全の観点からも生命科学の基礎知識は不可欠である．しかし，奔流のように押し寄せる生命科学の膨大な情報のすべてを理解することは，研究者にとっても，ほとんど不可能である．

　本シリーズの各巻は，幅広い生命科学を，従来の枠組みにとらわれず，新しい視点で切り取り，基礎から解説している．内容にストーリー性をもたせ，生命科学全体の中の位置づけを明確に示し，さらには，最先端の研究への道筋を照らし出し，将来の展望を提供することを目標としている．本シリーズの各巻はそれぞれまとまっているが，単に独立しているのではなく，互いに有機的なネットワークを形成し，全体として生命科学全集を構成するように企画されている．本シリーズは，探究心旺盛な初学者および進路を模索する若い研究者や他分野の研究者にとって有益な道標となると思われる．

新・生命科学シリーズ
編集委員会

はじめに

　生物が「形」あるいは「形態」をもっていることはいうまでもない．そしてそれが生物の機能と密接に関係していることも，改めて述べるまでもないことのように思われる．しかし，形態と機能の関係，そして形態そのものがどのように生じるか，ということはそれほど簡単に理解されることでもない．生物界に見られる驚くほど多様な形態は，多くの場合長い進化の産物でもあり，またそれぞれの生物の発生過程で次第に構築されていくものである．本書では，形態の進化と発生をできるだけ具体的な例に基づいて解説してみよう．

　形態は，生物個体の外形から，生物を構成する細胞の形まで，いろいろなレベルで考えることができる．ある形態がなぜそのようであるかという疑問には，いくつかの側面からの解答が可能である．まず，実際に形態が形成されるプロセスの理解がある．形態は，少なくとも個体発生の過程では，比較的単純なものから複雑なものへと向かうのが通例である．そして常にその形成には遺伝子と，それに基づいて産生される種々のタンパク質，脂質，糖質などが関わっている．従って，形態の形成は最終的には遺伝子のはたらきとして理解されなければならない．一方，上述のように形態は常に機能と結びついている．形態の由来を理解するには，機能との関係を無視することはできず，また機能は適応的な進化とも結びついている．本書で，形態を進化と発生の両面から考察するという意味はそこにある．生物学では「近因」と「究極因」を区別する．渡り鳥が春に渡りの準備をすることを，体内のホルモンなどの作用として説明するのが近因，それを渡りという機能的・適応的な観点から説明するのが究極因である．その意味で，本書は形態を近因と究極因から説明しようとするものである．

　本書では，記述はほとんど脊椎動物（正確には脊索動物）に限定されている．それは生物学的にはあまり根拠がないのだが，やはり脊椎動物の発生と進化に関する知見は，他の生物群と比較すると圧倒的に多い，という理由による．動物界だけを見回しても，まったくわれわれの想像を絶するような珍奇な形態があ

またあるのだが，それらについて述べる余裕はない．脊椎動物の形態も多様であり，そのどれを取り上げるかもかなり恣意的である．主として筆者の関心事である器官形成を中心にしてある．

かつて生物学は形態の研究を中心に進んできた．分類学などはもちろんそうであるし，発生学も進化学も形態に基づく研究が重要であった．20世紀に入って生化学や分子生物学が興隆するとともに，形態への関心は少し薄れてきたように思われる．一時，「形態の復権」が叫ばれたが，必ずしも大きな潮流にはならなかった．たとえば現在でも，ある器官が形成されたことの証明として，形態ではなく遺伝子発現のパターンをもってする，ということがしばしば行われる．それは重要なことには違いないが，それだけでいいのか，という疑問が筆者には常にある．ある器官の中で，組織が，そして細胞が正しく配列してこそ，器官として成立するのだと思うのである．

もちろん形態を重視する視点をもった研究者も多くいる．それらの方々の書物から筆者は大きな示唆を受けている．巻末の文献を参照されたい．

本書には上述のような筆者の思いが込められている．読者が本書から，改めて形態というものの面白さ，重要性，複雑さを感じ取ってくだされば幸いである．

2011年3月

八杉貞雄

目　次

1編　形態は生物にとってどのような意味があるか

■1章　形態とは何か　2
- 1.1　形態の重要性　2
- 1.2　形態はどのように認識されるか　4
- 1.3　形態は機能とどのように関係しているか　5
  - 1.3.1　小腸絨毛の形態と機能　6
  - 1.3.2　眼の構造と機能　6
  - 1.3.3　腎臓の構造と機能　8

■2章　形態の生物学的基礎　12
- 2.1　形態はどのようにして決まるか　12
  - 2.1.1　組織と器官　12
  - 2.1.2　分子と細胞の形態　14
- 2.2　細胞と組織　16
  - 2.2.1　上皮組織　16
  - 2.2.2　結合組織　16
  - 2.2.3　筋組織　18
  - 2.2.4　神経組織　18
  - 2.2.5　組織の形態と細胞　18
- 2.3　組織や器官と個体の形態　20

2編　形態の進化

■3章　脊索動物における形態の変化　22
- 3.1　脊索動物とは何か　22
  - 3.1.1　脊索動物の祖先　22

  3.1.2 脊索動物の分類 23
  3.1.3 頭索動物と尾索動物の形態 25
  3.1.4 脊椎動物の形態 27
 3.2 脊椎動物の進化と比較形態学 28
  3.2.1 脊椎動物の分類 29
  3.2.2 脊椎動物比較形態学 31

■ 4 章　形態の進化と分子進化　　50
 4.1 形態と遺伝子の進化 50
 4.2 脊索動物の進化とファイロタイプ 50
 4.3 骨格系の進化と遺伝子 52
 4.4 神経系の進化と遺伝子 56
 4.5 四肢の進化と遺伝子 57

3 編　形態はどのように形成されるか

■ 5 章　器官形成の原理　　64
 5.1 個体発生 64
 5.2 発生過程とエピジェネシス 65
 5.3 遺伝子発現と細胞環境 66
 5.4 成長因子と受容体 69
  5.4.1 成長因子とは何か 69
  5.4.2 繊維芽細胞成長因子 70
  5.4.3 骨形成タンパク質 71
  5.4.4 表皮（上皮）成長因子 71
  5.4.5 Wnt 72
  5.4.6 ヘッジホッグ 72
  5.4.7 ノッチ - デルタ系 73
  5.4.8 その他 73

5.5　組織間相互作用　　　　　　　　　　　73
5.6　形態形成と細胞の移動や運動　　　　75
5.7　細胞の運動　　　　　　　　　　　　77
5.8　細胞の形態と細胞接着，細胞骨格　　79
　　5.8.1　細胞接着　　　　　　　　　　79
　　5.8.2　細胞骨格　　　　　　　　　　80

■6章　初期発生における形態形成　　　84
6.1　受精から原腸形成までの形態形成　　84
　　6.1.1　前成説と後成説　　　　　　　84
　　6.1.2　受精と卵割　　　　　　　　　85
　　6.1.3　原腸形成　　　　　　　　　　86
6.2　神経管の形成　　　　　　　　　　　88
6.3　神経ネットワークの形成　　　　　　91
6.4　脳の領域化　　　　　　　　　　　　92
6.5　脊髄の背腹軸の形成　　　　　　　　93
6.6　体節の形成　　　　　　　　　　　　95
　　6.6.1　体節の形成過程　　　　　　　95
　　6.6.2　体節形成のメカニズム　　　　96

■7章　器官形成における形態形成　　　99
7.1　眼の形成　　　　　　　　　　　　　99
　　7.1.1　眼の正常発生　　　　　　　　99
　　7.1.2　眼の形成の分子機構　　　　　100
7.2　皮膚とその派生物の発生　　　　　　102
7.3　歯の形成　　　　　　　　　　　　　103
7.4　四肢　　　　　　　　　　　　　　　105
　　7.4.1　四肢の発生　　　　　　　　　105
　　7.4.2　肢芽領域の決定　　　　　　　107

7.4.3　肢芽の伸張　　　　　　　　　　108
　　7.4.4　前後軸の決定　　　　　　　　　108
　　7.4.5　前肢と後肢の特性の決定　　　　110
　7.5　心臓の形成　　　　　　　　　　　　111
　7.6　腎臓の形成　　　　　　　　　　　　114
　7.7　生殖細胞の起原，生殖腺の形成と生殖輸管　116
　　7.7.1　始原生殖細胞　　　　　　　　　117
　　7.7.2　生殖腺の形成　　　　　　　　　118
　　7.7.3　生殖輸管の形成　　　　　　　　120
　7.8　消化器官の形成　　　　　　　　　　120
　　7.8.1　原始腸管の成立　　　　　　　　121
　　7.8.2　咽頭の分化　　　　　　　　　　122
　　7.8.3　胃の形態形成と分化　　　　　　123
　　7.8.4　小腸の分化　　　　　　　　　　126

　あとがき　　　　　　　　　　　　　　　　131
　参考文献・引用文献　　　　　　　　　　　132
　索引　　　　　　　　　　　　　　　　　　134

　コラム1　生物の分類　　　　　　　　　47
　コラム2　ファイロタイプ　　　　　　　60
　コラム3　モデル動物　　　　　　　　　129

1編

形態は生物にとってどのような意味があるか

　本書では「形態」の進化と発生について述べる．形態とは形，つまりある物体の三次元的な姿である．そもそも形態とはどのように定義できるのか，そして生物の世界で形態がどのようなはたらきをするかについてまず考えてみよう．さらに，生物の形態が決まるための生物学的基礎についても述べることにしよう．

1章 形態とは何か

　私たちは，道で出会う動物，動物園でみる動物，あるいは多くの木々を，視覚で認識し，それが何であるかを判断する．もちろんそれまでに出会わなかった生物について，それが何であるかを判断することは難しい．しかしある程度はそれまでの経験から，「・・に近い生き物」と考えることは多い．それは私たちが経験的に「こういう形のものは・・」と学習しているからである．そのときに私たちが認識するいわゆる「形」あるいは「形態」とはどのようなものだろうか．

1.1　形態の重要性

　まず形態が生物の営みにとって重要である例を考えてみよう．形態には，3次元的な構造が含まれる．また色もときには重要である．つまり，形態というのは，私たちが視覚で認識するものであって，においや触感は普通含まない．形態が3次元的といったのは，対象物を正面から見たり横から見たりして，その形を確認するからである．私たちは影絵を見てその物体が何であるかを判断することもあるが，よりよくその対象を知るには3次元的な情報が必要である．

　ヒトはとくに視覚が発達しているといわれる．形の認識や空間認識ではそのほかの動物をはるかに凌駕するであろう．一方，嗅覚や聴覚は多くの哺乳類に及ばないといわれる．もちろん哺乳類といっても多様なので，これは一般的な事実ではない．いずれにしてもヒトが形態に基づいて多種多様な生物を分類してきたのは，このような感覚系の特徴にもよるのであろう．

　ここまでは，形態を認識する側のことである．一方，形態はそれをもつ側にとってどのような意味があるのだろうか．この質問に解答するのは難しい．いろいろな側面からの解答があるからである．まず，同じ種の認識というこ

とがあるだろう．現在の「種」の定義は，およそ「遺伝子プールを共有する個体群」ということだろう．つまり，生殖をして妊性のある子をつくることができる個体の集団，ということである．種を維持することは生物にとっては第一義的に重要なことであるから，生殖する相手が同種であることを確認する作業はきわめて重要である．少なくとも視覚系を備えた動物では，形態の認識はこの作業に役立つはずである．また，自分の遺伝子をより多く残すために動物は，同種の雄と，雌をめぐって争う．そのようなときにも形態は重要である．ティンバーゲンの実験で古くから有名なトゲウオの場合，繁殖期の雄は腹が赤くなり，同種の雄で腹の赤い個体に対して縄張りを守るための攻撃的行動を示す．このときは魚の全体の形より，腹が赤いことが重要で，種々の形の模型の下側を赤く塗ると雄は攻撃姿勢を示す．一方，トゲウオが産卵可能な雌を認識するのはその膨れた腹によるのであって，その時は腹の色は問題にならない．

　生殖だけでなく，これも有名な刷り込みの実験で明らかにされた，アヒルなどの幼鳥が親を認識するのは，主として孵化後に見た最初の「物体」の形態である．この場合は，ひな鳥が生きていくという個体の生存に関わる重大な行動に形態が重要であることを示している．そのほか，動物の生活に形態の情報が必須であるということは，いくらでも数え上げられるであろう．

　形態はこのように，個体間の認識にとって重要なだけでなく，機能とも密接不可分の関係にある．このことはあまりにも自明であるので，私たちはそのことを深く考えない．しかし，形態と機能の関係こそが，私たちの生命活動を支えているといって過言ではない．私たちが一歩前に進む運動では，下肢にあるほとんどの筋肉がいっせいに収縮と伸張を行い，それによって大腿骨，腓骨，脛骨などや足先の多くの骨が一定の運動を行う．筋肉や骨の形態が一歩を踏み出すことに巧みに適合していることはだれも疑わないであろう．機能と形態とは表裏一体，1枚の紙の裏と表といってよい．

　進化の過程では，当然機能に基づく形態が確立し，その両者が「共進化」しながら複雑な機能と形態を構築してきたと考えられる．形態を個体認識の手段として用いるようになるのは，視覚などの感覚系が十分発達した段階の

■1章 形態とは何か

動物において初めて可能になった．本書では生物，とくに動物の形態にまつわるいくつかの問題について考えていきたい．

1.2 形態はどのように認識されるか

私たちが道ばたでネコを見かけたときに，それがネコだと思うのは，どのようなしくみだろうか．古来多くの学者が，動物，とくにヒトが対象物を認識するときの脳のはたらきを解明してきた．

ネコは比較的小型で，頭部と胴部がわりあいはっきり別れ，4本足であり，毛皮を持っている．多くの場合長い尾を持ち，耳が立っている．それではこのような形態的特徴を持つものがすべてネコかというと，もちろんそうではない．小型のイヌも等しくこのような特徴を持っている．イヌとネコを区別する形態的特徴は何だろうか．ただしここでは，鳴き方や歩き方，その仕草などは問題にしない．

図1.1を見ていただきたい．これを見れば誰でもどちらがイヌかどちらがネコかをただちに言い当てることができる．しかしもう一度先ほどの質問に戻って，この異なる2種類の動物を私たちがどのように区別するかと問うと，答えはそれほど簡単ではあるまい．ネコの方が毛が少し長いようであるが，イヌにも毛の長い種類はある．この図ではイヌの耳がたれているが，耳の立っているイヌもいる．しかしイヌとネコには明らかな違いもある．顔にはかなり特徴的な差異がある．ネコの目の方が中央により，イヌはいわゆる鼻面が

図1.1 イヌとネコ

ネコよりは長い．掌の形は明らかに異なっている．私たちは生まれてから多くのイヌやネコを見て，そのたびにこれはイヌ，これはネコと教えられ，おのずからこの2種類の動物を見分ける術を身につけているのである．

　最近のデジカメは実に精巧巧妙にできていて，被写体にレンズを向けるとヒトの顔を認識し，そこに焦点を合わせるようになっている．またコンピュータの画像を扱うアプリケーションも同様に人の顔を認識し，さらに多くの画像から特定のヒトの顔だけを抽出するという離れ業を演じてくれる．筆者はそのようなアルゴリズムには疎いので，これらの認識機構と，私たちの脳に依存した機構がどれほど類似のものかわからない．また，コンピュータのしくみが私たちの脳をモデルにしたものか，逆にコンピュータのアルゴリズムが私たちの認識機構の解明に役立つものかもわからない．ただ，現在のところは，私たちは後ろ姿だけでも知人を見分けるし，場合によっては体の一部がちらと見えるような状況でも「あ，あの人だ」と思ったりするので，認識機構はやや人間の方が上かもしれない．

　しかし，私たちが形態を認識するときには，それぞれ異なる認識をしている可能性が大きい．筆者がある人を認識するときと，読者が認識するときとでは，実は印象が違うかもしれない．これは日常的に経験することである．

1.3　形態は機能とどのように関係しているか

　私たちの体では，形態は常に機能と密接に結びついている．そうでない例を探すことは難しい．ずっと以前から，形態と機能の結びつきについては，その合目的的性格が論じられ，18世紀，19世紀のヨーロッパにおける自然神学はまさに，この形態と機能の関係こそが神の意思の表れであるとされた．それは生体のはたらきを時計にたとえ，時計のような精緻な形態（構造）と機能（時を計る）の存在はある意図をもった時計職人の手による以外にはない，そしてその職人こそ神である，と主張したのである（ペイリーのような自然神学者）．ダーウィンがその自然選択説で，生体のもつ複雑精妙な形態と機能は，そのような造物主，神の存在を仮定しなくても，説明できることを証明したのは今から150年前である．それにより，生体のもつ形態と機能

の関係は，新たな研究の対象となった．

形態と機能の関係をよく表す例をいくつか列挙しよう．

1.3.1 小腸絨毛の形態と機能

筆者は，消化器官の形態形成と細胞分化を長年研究してきたので，ここでも消化器官の1つである小腸を取り上げて，その形態と機能の関係について述べよう．小腸は食物を消化する器官であり，管状の構造をとり，その中心の腔所を食物が通過する．食物は長い小腸を通過する際に，いくつかの酵素でタンパク質，糖質，脂質などが消化され，小腸上皮細胞を通って吸収される．小腸の機能は食物の消化と栄養分の吸収である．

中学校以来私たちは，小腸内面に絨毛（柔毛）という指状の突起が無数に（数百万個）存在することを習っている．そしてこれは，腸の表面積を広げるための生体の「工夫」であると教わった．確かに，絨毛の存在によって腸の表面積はそれがないときの数倍にもなり，ヒト一人の小腸内面の表面積は $400m^2$ にも達するという．小腸の長さを $6m$ として，その内径を $1cm$ とすると，絨毛がないときの小腸の表面積はおよそ $0.2m^2$ であるので，絨毛の存在によって表面積は 2000 倍になっている．表面積を広げることによって，消化・吸収能力は格段によくなるであろうし，そのことは動物のあらゆる活動をきわめて活発にしてきた．ここでは絨毛という構造が，消化・吸収機能と密接に結びついているわけである．

さらに，小腸の上皮細胞には微絨毛という電子顕微鏡的突起がやはり無数に（1個の細胞あたり数千本！）存在する．これにより表面積がさらに増大することはもちろんであるが，この微絨毛という構造物は，消化機能の遂行に欠かすことができない．微絨毛は細胞膜そのものが突出したものであるが，その膜には二糖分解酵素（スクラーゼやマルターゼ・イソマルターゼ）分子が局在しているのである．このように小腸では，解剖学的形態から微細形態学的構造まで，その形態と機能が分かちがたく結びついている．

1.3.2 眼の構造と機能

いうまでもなく眼は光を感じてその刺激を脳に伝える器官である．その精妙な構造は，ダーウィンをして，はたしてこれほど複雑なものが自然選択で

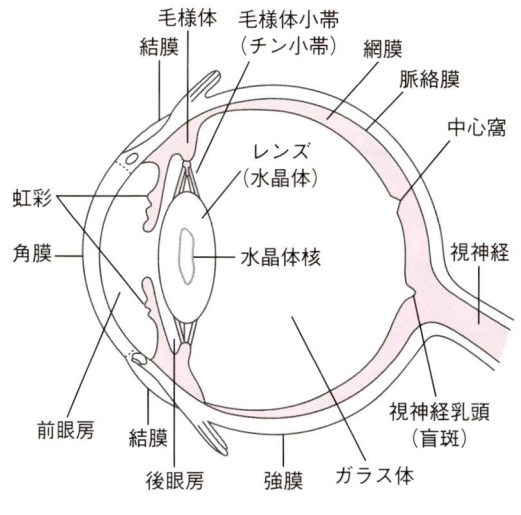

図 1.2　眼の構造

生じえるだろうか，と自問させるほどであった．

　眼の構造（図 1.2）は改めてご紹介することではないかもしれない．これも中学校以来，脊椎動物の眼のしくみについては学んでおられるはずである．重要なことは，角膜，レンズ（水晶体），網膜がそれぞれ固有の形態と位置関係を保つことにより，網膜上にはっきりした像を結ぶということである．しかし，脊椎動物の眼はその生息環境に応じて，変化する．われわれの眼のレンズは扁平である（レンズという用語はレンズ豆（扁豆）に由来する）が，多くの水生魚類のレンズはほぼ球形である．これは水圧に対抗するためである．多くの陸上脊椎動物は毛様体筋でレンズの扁平率を変化させて焦点を合わせるが，魚類のレンズは硬くてほとんど変形しない．それゆえ焦点を合わせるのは，水晶体牽引筋をもちいてレンズ全体を視軸上でずらすことによる．なお，同じ陸上脊椎動物（羊膜類）でも，扁平レンズの変形は異なる筋肉によってなされる（鳥類・爬虫類では光彩括約筋，哺乳類では毛様体筋）．いずれにしても，これらの眼の構造は，その機能と分かちがたく結びついていることは容易に理解されるであろう．

1章 形態とは何か

　ここで，生物学の重要な用語である「相同」と「相似」という概念を導入するために，無脊椎動物の眼を見てみよう．頭足類はきわめてよく発達した眼をもっている．その形態は一見脊椎動物の眼と類似している．すなわち，一番外側には角膜があり，その内側にレンズ，そしてレンズを通ってきた光は網膜に存在する視細胞に電気信号を生起し，それが中枢神経に送られる．しかし生物学者は，このような類似性は表面的なもので，進化の過程では脊椎動物の眼と頭足類の目は独立に進化したと考えている．つまり「収斂」によって似た器官が生じたので「相似」であるといわれる．一方，哺乳類の眼と魚類の眼は当然進化的に起原を同じくするので「相同」器官と呼ばれる．ただし，分子生物学の発展は，構造上大きく異なる脊椎動物の眼と昆虫の複眼の形成に，よく似た遺伝子が関わっていることを示した．それにより，相同と相似の概念も新たに考え直さなければならなくなっている（7.1参照）．

　眼はその全体の形が光を集め，焦点を結び，それを電気信号に変えて脳に情報を送るという機能によく適合している．その構成要素もまた，それぞれの機能に関連した特殊化した形態をもっている．なかでも顕著なのはレンズで，その縦長の細胞は光の方向に整然と並んで，透過性を高めている．さらに，網膜の視細胞の構造は，光のエネルギーを電気エネルギーに変換するきわめて効率のよい装置となっている．

　このように，眼は形態と機能が渾然一体となった器官であるといっても過言ではない．

1.3.3　腎臓の構造と機能

　腎臓は体内の血液から老廃物を選択的に排出する器官である．この器官はまた，水の排出などによって，体の浸透圧を調節するという重要な任務ももっている．腎臓の構造，形態は複雑で機能と密接に関わっているよい例である（図1.3）．

　腎臓は大別して2つの組織系からなる．1つは，老廃物の収集と排出に関わる組織であり，いわば腎臓の本体である．もう1つは血管系である．両者は密接に関係していて，どちらかに傷害が生じると腎臓の機能は著しく低下する．

1.3 形態は機能とどのように関係しているか

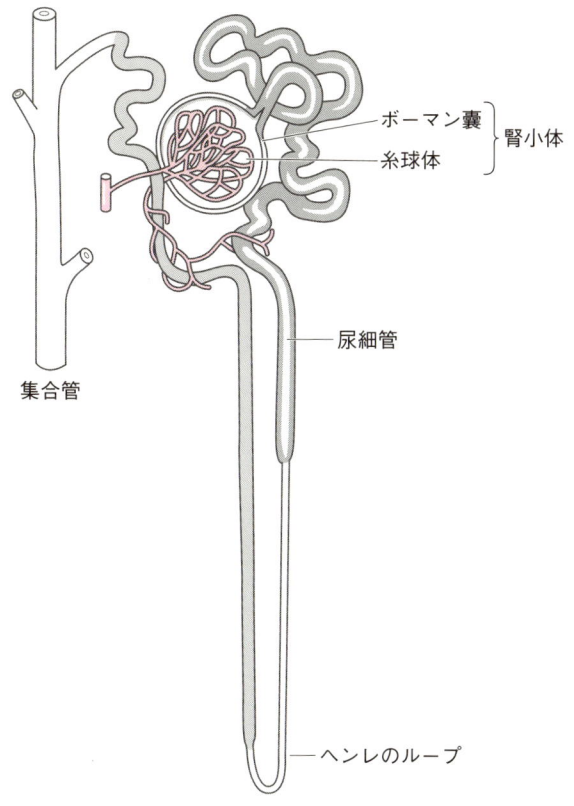

図 1.3 腎臓の基本構造

　腎臓は血液から老廃物を濾し取るのであるが，それは腎小体（マルピーギ小体）と呼ばれる構造で行われる．腎小体の構造・形態は驚くほど複雑で，動物の体の構造の中でももっとも複雑なものの1つであろう．それがどのようにして生じるかは，後章（7.6）に譲ることにする．腎小体は，血管の集合体である糸球体と腎臓の単位であるネフロンの終末に存在するボーマン嚢からなる．糸球体は腎動脈から分枝した毛細血管（輸入細動脈，輸入細静脈）がいわばとぐろを巻くようにして糸玉をつくっている．それをボーマン嚢の上皮が取り囲み，血管から浸出する血液成分を上皮細胞を通過させてネフロンの内部に輸送する．このように書くときわめて単純な機構のように思われ

■ 1章　形態とは何か

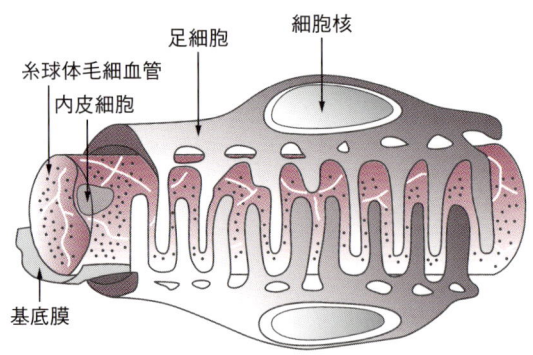

図 1.4　腎臓の足細胞

るかもしれないが，実はこの輸送に関わる細胞は高度に特殊化している．生物のもつ形態というものが，どれほど複雑で精妙であるかを知るには好個の材料である．

　糸球体では輸入細動脈と輸入細静脈が毛細血管系をつくり，体液の濾過は細動脈で起こる．細動脈には足細胞（あるいはたこ足細胞）が張り付くように付着していて，濾過を担っている．血管の内側には血管内皮細胞があるが，腎臓毛細血管内皮には無数の穴が空き，ここから血漿成分がにじみ出す．タンパク質のように大きな分子は一般にはこの穴を通過できない．さて，腎臓で特徴的なのは足細胞で，図 1.4 のように 1 つの細胞から多数の足状突起がのび，それがほかの足細胞の突起と互い違いになって，全体として血管を取り囲んでいる．足細胞は実は，腎小体全体を包んでいるボーマン嚢の上皮細胞の続きであって，腎小体に血管が入ってくる箇所（血管極）で上皮が折り返されて，足細胞となって血管を包んでいる．したがって血管内皮細胞を通ってしみ出した体液は，足細胞の突起のすきま（スリット）を通り抜けて，ボーマン嚢の内部に入るのである．足細胞の機能は，内皮細胞の基底膜と協調して血液からの濾過を制御することである．

　このように特異な形態をもつ細胞のおかげでわれわれは体の浸透圧，塩分調節などを行っているのである．

　腎臓についてもう少しその形態と機能について考えてみよう．濾し取られ

た体液（原尿）はボーマン嚢の出口（尿管極）から尿細管に入る．ボーマン嚢で濾し取られる原尿は1日あたり180リットルにも及ぶが，その99パーセントは尿細管で再吸収され，実際に尿として排出されるのは1.5リットル程度である．また，原尿中のグルコース，無機塩類なども再吸収される．尿細管は，再吸収を効率よく行うためにきわめて長く，またその上皮細胞は微絨毛をもって表面積を広げている．尿細管の総延長は80kmにおよぶ．尿細管は腎小体から出るとまず下降（腎臓の腎盂側に向かう）し，ついでヘンレのループという屈曲点を通って上昇（腎臓の皮質側に向かう）し，腎小体のすぐ側を通過する．血管極には傍糸球体装置という特殊な構造物があり，ここは尿細管中の原尿を監視してそのイオン組成（ナトリウム濃度）などを感知し，血管の圧力を調節するレニンというホルモンを分泌する．

　ヒトの腎臓は握り拳大の大きさであるが，その中には想像もできないような複雑な構造・形態が詰め込まれ，それがわれわれの体の恒常性を維持するしくみと巧みにカップルしていることが理解できるであろう．

2章 形態の生物学的基礎

1章では，形態がどのように認識され，またそれが機能とどのように関係するかを概観した．そこでは，個体を形態で認識することと，器官などの形態が機能と密接に関係することを知った．それでは，形態というものはどのようにして決定されるのだろうか．本章では，生物の形態を決めている細胞，組織，器官，個体というレベルについて考えてみよう．とくに組織という概念は，2編以後の諸章をよりよく理解するためには重要である．

2.1 形態はどのようにして決まるか

2.1.1 組織と器官

生物の形態はどのようにしてできるのだろうか．図 2.1 に示すのはヒトの受精卵から初期の胎児までの発生の模式図である．サイズはまったく無視している．これをみるとなんとなく次第に複雑な形態ができあがる様子が見えるであろう．それではこのような形態の構築にはどのような要素が関与するだろうか．

われわれは生物界には階層性があることを知っている．一般には分子，高分子，細胞小器官，細胞，組織，器官，個体，個体群，集団，社会といった階層が考えられる．それぞれのレベルには固有の性質があり，必ずしも下のレベルの法則で上のレベルの事象が説明できるものではないといわれる．階層を上がると新しい法則が認められることを創発と呼ぶ．もちろん，上のレベルの法則が下位の法則と背反することはありえず，細胞内のいろいろな現象と個体の現象が矛盾することはない．

形態についても同様の議論をすることが可能であろう．組織というのは，体内で類似の構造をして類似のはたらきをする細胞の集団をひとまとめにして呼ぶ，いわば操作的概念であるが，組織の形態はそれを構成する細胞の形

2.1 形態はどのようにして決まるか

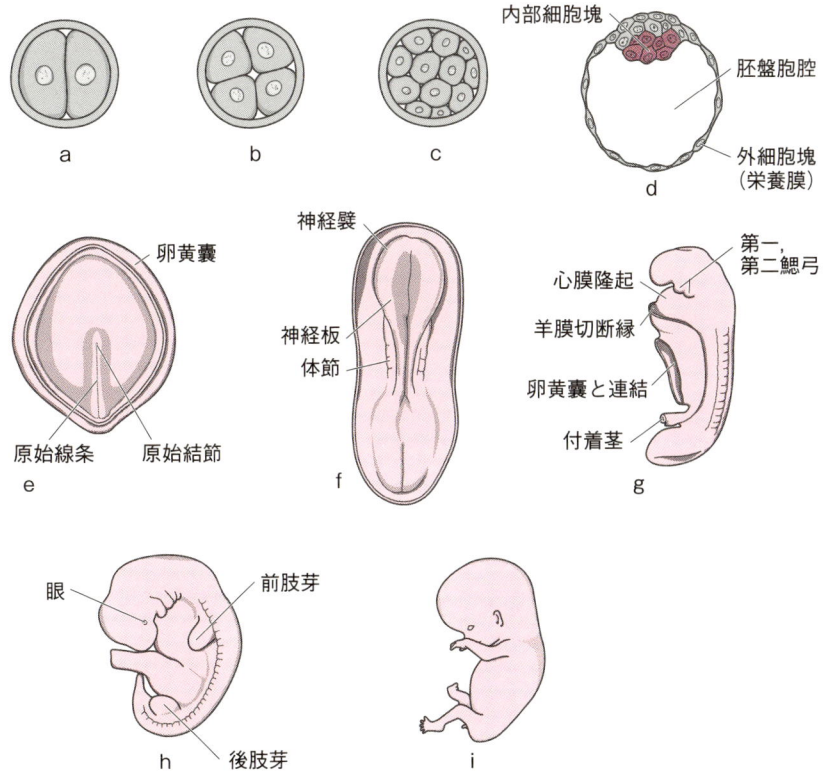

図 2.1　ヒトの発生の模式図
a〜c：卵割期．d：胚盤胞（着床期）．e：16日胚（内部細胞塊から発生した胚）．f：20日胚（神経板と体節が形成されている）．g：25日胚（側面図．神経管は閉じている．心臓が形成されている）．h：5週目の胚（眼の原基と肢芽が形成されている）．i：8週目の胚（これ以後は胎児と呼ばれる）．

態によって決定されることが多い．たとえば体の表面，内表面，あるいは体の中の仕切りとなっている種々の構造をつくっているのは上皮組織と呼ばれ，それの構成単位は上皮細胞である．上皮はその形態から単層（円）柱状上皮，単層立方上皮，多層上皮などに分類されるが，それは構成する細胞の形態と積み重なりの状態によって決定される（表 2.1，図 2.3 参照）．

器官というのは，体のパーツに相当し，だれでもすぐ心臓，胃，眼，腎臓

表 2.1　脊椎動物の組織

組織名	構成細胞	主な機能と特徴
上皮組織	上皮細胞	動物の内外の表面を覆う．細胞間の接着が密．細胞外物質は少ない．生体の防御，吸収，分泌活動を行う．
結合組織（広義の）		
結合組織（狭義の）	繊維芽細胞	各組織間の充填．上皮組織の機能維持．細胞外物質が豊富．
骨組織	骨細胞	生体の姿勢の維持．カルシウムの沈着．
軟骨組織	軟骨細胞	生体の姿勢の維持．可動性の保持．コンドロイチン硫酸が豊富．
血球組織	血球	酸素運搬．生体防御．恒常性維持．
筋肉組織	筋細胞（筋繊維）	収縮機能．収縮タンパク質をもつ．
神経組織	神経細胞（ニューロンほか）	興奮伝達．行動の制御．複雑なネットワーク．

など多くの器官名をあげることができる．普通1個の器官は複数の組織からなる．すでに例にあげた小腸は，表面を覆う上皮組織とその内側にあって上皮組織を支持している結合組織，さらに管の一番外側に位置する筋組織からなり，また腸にはきわめて多数の神経細胞（神経組織）や血球（血球組織）がある．しかし，腸全体の形態がこれらの組織やそれを構成する細胞の形態とどういう関係にあるかは，必ずしも明瞭ではない．小腸は長いので，腹腔内に収めるにはどうしても屈曲せざるをえないが，それは組織の形態によって決定されるとはいえないだろう．それでも，小腸の形態が諸組織の形態とはまったく無関係に決まることはあり得ない．ここでは，それぞれのレベルで形態がどのようにしてできるのだろうかということを，考えてみよう．

2.1.2　分子と細胞の形態

分子はいうまでもなく固有の形態をもっている．水分子にしてもグルコース分子にしてもそうである．もちろんそれは周囲の状況によって変化するかもしれないが，その変化は厳密に物理化学的な規則に則っている．高分子もいろいろな形態をとることができる．タンパク質を例に取ると，その一次配列は遺伝的に決定されているが，構成アミノ酸の性質に基づいて二次構造（βシートやαヘリックスなど），三次構造（S-S結合など）が形成される．ま

2.1 形態はどのようにして決まるか

たタンパク質分子同士が会合して四次構造をつくることもある（ヘモグロビン分子など）．

分子が細胞の形態に影響を与えることがあるだろうか．大きさからいうと分子と細胞とでは何千倍何万倍もの差があるので，一般にはあまり大きな影響はないように思われる．しかし，実は細胞や小器官の形態はそこに含まれる分子によって規定されることが多い．たとえば，よく知られている例としては，細胞骨格系のタンパク質が細胞全体の形態を決定し，維持している．ミクロフィラメントなど（アクチン）や中間径フィラメント（ビメンチン，ケラチン，ニューロフィラメントなど），微小管などが主役である．これらの繊維状分子は細胞の種々の構造，たとえば細胞膜，核，小器官などと結合し，細胞内の張力を維持し，また細胞が運動する方向にも影響を与える．

細胞接着分子（因子）（CAM）という多数の分子群も細胞の形態には深く関与している．とくに上皮細胞のように，隣接の細胞としっかり接着する場合には，接着分子が細胞のどの位置に存在するかで細胞の形が変わってくる．図 2.2 はニワトリの胃腺が生じる時期の上皮細胞を抗 E- カドヘリン（細胞接着分子の1つ）抗体で染色したものである．細胞の頭頂部側にこの分子が局在し，そこで隣接の細胞と接着していることがわかる．もしこの存在箇所が変われば，当然上皮細胞の形態も変わるであろう．

さらに，病的な場合として，鎌状赤血球というのがある．ヘモグロビン（Hb）

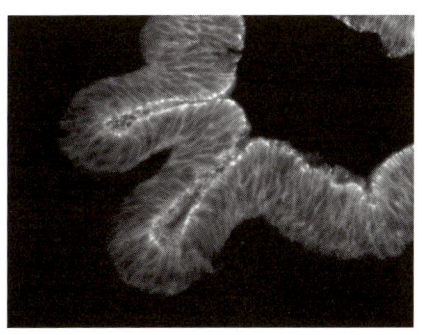

図 2.2 ニワトリ胚胃腺形成時の上皮細胞におけるカドヘリンの局在（免疫組織化学）（岡戸 清・八杉原図）

を構成するグロビンのアミノ酸が1個置換したヘモグロビン（HbS）をもつ赤血球で，通常の中央がへこんだ円盤状ではなく，鋭くとがった形態をしている．これは HbS が溶解度が低くて赤血球内で凝集し，その結果，細胞の形態も著しく変形する例である．

このように，細胞の形態は分子によって調節されるのであり，細胞の形態の研究には分子の研究が欠かせない．

2.2　細胞と組織

上にも述べたように，組織というのは人間が細胞群を分類した概念である．しかしそれを実体として考えることはそれほど難しくはない．脊椎動物における組織は以下のように分類・定義される．

2.2.1　上皮組織（しばしば単に上皮という）

体の表面，内表面，各部を仕切るすべての表面を覆う細胞群．外表面，内表面はわかりやすいが，各部を仕切る，というのは少し説明を要する．これは血管，リンパ管，尿細管などの，その内容物が自由に外に浸出してはいけない構造物の内面を覆う細胞群である．血管の内表面は内皮という特別の名称をもつ上皮が覆い，尿細管の内表面も上皮によって覆われている．要するに上皮組織は，物質の自由な透過を許さない表面を覆っているのであり，したがって細胞同士は密着している．密着には前述のカドヘリンなどの CAM のほかタイトジャンクション（密着結合），デスモソームなどの特殊化した細胞表面構造が関与する．細胞が密着するので，細胞外物質に乏しいことも上皮の特徴である．上皮はその構成細胞の構造と配置によって，単層（円）柱状上皮，単層立方上皮，単層扁平上皮，多層上皮，偽多層上皮，移行上皮などに分類される．それぞれの特徴は図 2.3 を参照されたい．

2.2.2　結合組織

結合組織という用語は，いろいろに用いられる．ここでは，広い意味の結合組織（支持組織ともいう）と，狭い意味の結合組織を区別しておく．どちらも，種々の組織の間を充填し，体を支える組織として機能するいくつかの細胞群を含んでいる．もっとも重要なのは狭い意味の結合組織で，多くの場

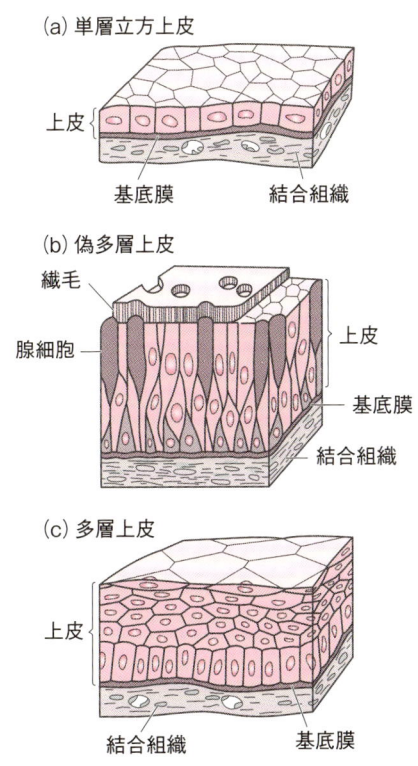

図 2.3　上皮組織
単層上皮, 偽多層上皮, 多層上皮を示す.

合, 上皮の裏打ちをしている. 皮膚の真皮（後述）, 消化器の結合組織, 血管の結合組織など. 結合組織の細胞成分は多様であるが, 重要なのは繊維芽細胞で, その名称のとおり繊維を分泌する. 主要な繊維はコラーゲン（膠原繊維）やエラスチン（弾性繊維）である. 結合組織の特徴として, これらの繊維とともに多種多様な細胞外物質の分泌があげられる. グリコサミノグリカン, プロテオグリカン, 細胞接着性のフィブロネクチンやラミニンなどの糖タンパク質などである. 上皮と結合組織の間には多くの場合, 基底膜と呼ばれる, コラーゲンやラミニンを主成分とする膜構造があり, 上皮の極性を決定したり, 結合組織からの物質の透過を調節したりしている.

広い意味の結合組織にはそのほかに，骨組織，軟骨組織がある．これらもそれぞれの主たる細胞（骨細胞，軟骨細胞）とそれらが分泌する細胞外物質（骨基質，軟骨基質）から構成される．骨や軟骨はそれぞれ固有の形態を取って，これは個体全体の形態とも深い関係がある．結合組織にはそのほかに，血液・リンパ組織や脂肪組織を含めることがある．このうち脂肪組織も個体の形態に影響を与えることは，われわれもよく経験するところである．

2.2.3　筋組織

筋肉には平滑筋と横紋筋があり，一般に平滑筋は不随意筋，横紋筋は随意筋（骨格筋）であるが，心筋のように横紋筋でありながら不随意筋もある．ただ，いずれも収縮という特別な機能を果たすための複雑な形態と分子機構を備えているので，筋組織としてまとめられている．筋肉は，筋細胞（筋繊維と呼ばれる）の集合体であり，筋繊維中には筋原繊維というより小さい構造物がある．その中にアクチンやミオシンなどの分子が規則正しい配列をとって，ここでも，その配列が，筋細胞の形態と機能に決定的な影響を与えている．

2.2.4　神経組織

神経もきわめて多様であるが，電気信号を伝えるという機能が共通してみられるので，神経組織として一括して扱う．ただし，神経系でいわゆる神経細胞（ニューロン，神経単位，図 2.4）を支えているグリア細胞（神経膠細胞）も神経組織に含ませている．ニューロンはいうまでもなくその細胞の一部がきわめて長い軸索を形成し，細胞体にある樹状突起などからの電気信号を伝える．神経組織の重要な点は，ニューロンが数多くのほかのニューロンとシナプスという特殊な構造を通してつながりをもち，たとえばヒトの脳全体では天文学的な数の結合をもつネットワークを構築していることである．もしこのようなネットワークのあり方を形態と呼ぶなら，神経組織の形態はわれわれの思考や情緒に至るまでのあらゆる精神活動を律する形態ということができるであろう．

2.2.5　組織の形態と細胞

以上述べた組織の形態は，当然細胞の形態と密接に関連する．上皮組織の

形態はまさに細胞の形態そのものといってもいい．また，組織の形態が細胞の活動に依存することもよく理解できるであろう．その好例は骨の形に現れる．骨（硬骨）は，前述のように骨芽細胞が分泌する細胞外物質を主成分とする骨基質がその大部分を占める．骨基質はコラーゲンや種々のカルシウム塩を含んでいて，その密度は $2.01\,\mathrm{g/cm^3}$ であり，もし骨が内部まで基質で充填されていると，人間はとても水泳などできないといわれる．実は骨ができるとき，あるいは完成してからも骨の細胞は活発にはたらき，新たに骨基質を産生している．一方，骨基質が増えすぎないように，基質を食う細胞（破骨細胞）が存在し，骨基質の量を一定に保っている．骨芽細胞と破骨細胞のはたらきによって骨の形態は決まるのであるが，そのほかにもこれらの細胞の活動を律するホルモンなども重要である．

　組織の中では，筋組織と神経組織の形態もそれぞれ，それを構成する細胞によって決定されることは想像に難くない．結合組織はいわば不定形の組織で，その形態が散在している繊維芽細胞などの形態によって直接決まるとは考えにくい．結合組織の場合はむしろ種々の組織の空間を効率よく充填する

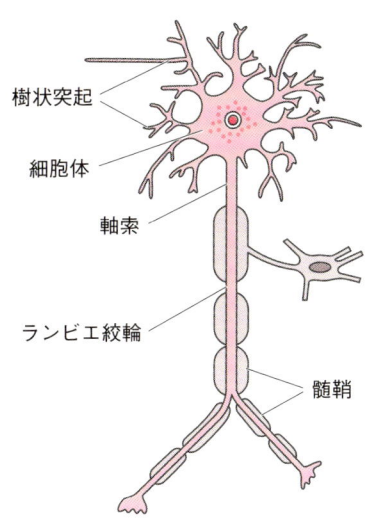

図 2.4 髄鞘をもつ神経細胞（ニューロン）の模式図

という任務に応じてその形態が決まると考えられる.

2.3　組織や器官と個体の形態

　器官がそれぞれ固有の形態をもっていることはいうまでもない．たいていの器官は体から取り出してもそれが何であるか，すぐわかる．もっとも皮膚のように体全体を包んでいる器官は，何をもって形態というか難しい．

　器官の形態も機能と密接に関係していて，さらに狭い体内にできるだけ多くのできるだけ大きな器官を詰め込む，という課題を解決するようにできている．しかも，生理的状況によって大きさが変わる器官もあるので，その調節も必要である．それは肺や胃や膀胱や子宮，さらに筋肉などを考えればよいであろう．

　器官と組織の形態の間に関係があるかというと，これは難しい問題である．一例として小腸を考えてみよう．すでに述べたように，小腸は管状の構造をしていて，その内部では内腔に面して上皮組織，それを囲んで結合組織，平滑筋層，神経叢などが配列している．腸のこのようないわば同心円状の構造は組織によって決定されているということもできる．しかし腸の長軸方向，つまり口側から肛門側に向かっての複雑な屈曲は，必ずしも構成組織の構造に依存しているとはいいがたい．もちろん腸が長くて腹腔内で何回も折れ曲がって詰め込まれているのは，できるだけそれを長くして消化吸収効率をよくするという目的に適っている．いったい何がこのような腸の構造を決定するのだろうか．これについては7章で詳しく考えよう．

　さらにレベルを上がって個体の形態は，当然構成する器官の形態と配置によることは明白である．頭部が丸く見えるのは頭蓋骨の形態とそれを覆う皮膚の形状によるのであるし，手が肩からのびて先端が5本の指に分かれているのは，肩から肘までが上腕骨，ついで橈骨と尺骨が肘から手首をつくり，手のひら（手掌）には複雑な手小骨や指骨が存在するからである．個体の形態というときにはそのほかに，皮膚の状態による微妙な凹凸や色彩が形態を決定する．こうして，われわれの体の形態は，細胞から始まって組織，器官という階層を経て，次第に決まるのである．

2編

形態の進化

　生物の形態は，生物の進化と発生に深く関わっている．2編では，われわれを含む脊椎動物（正確には脊索動物）について，現生の生物の形態を比較し，また進化に伴ってそれがどのように変化してきたかを紹介しよう．

3章 脊索動物における形態の変化

　動物界を広く見渡すと，単純な形態のものから複雑なものまで，実に多彩な姿形が見られる．もっとも，単純とか複雑とかいうのは人間の主観的な判断に過ぎないので，それぞれの動物にとってはすべての形態が十分「複雑」なのであるが．

　本章では，われわれを含む哺乳類にいたる脊索動物の進化の道を概観し，脊索動物という分類群がどのような形質をもったものであるかを考えてみたい．それは，この動物群の化石がよく知られていて，形態の進化を考える上でよい対象であるからである．

3.1 脊索動物とは何か

3.1.1 脊索動物の祖先

　脊索動物の起原はおそらくカンブリア紀かそれ以前に遡ると考えられている．カンブリア紀のバージェス頁岩(けつがん)化石として有名なバージェス動物群の中に，ピカイア（図 3.1）という動物がいて，それが脊索動物の初期の姿を示しているとされる．ピカイアの形態は，現生の動物ではナメクジウオ（頭索動物）と比較的類似していて，背側に神経らしい構造が見え，その左右側面には筋肉の節らしいものが存在する．体の先端には一対の触角があり，尾は鰭(ひれ)状になっている．そのほかの感覚器官などの存在は明らかではない．ピカ

図 3.1　ピカイアの復元図

イアの発見は，脊索動物の起原と進化の研究に大きなインパクトを与えたが，ピカイアが現生脊索動物の直接の祖先とは考えられない．なぜなら，現在ではピカイアの発見された地層より古い地層から，脊椎動物の化石が発見されているからである．ピカイアは脊椎動物の祖先である動物の形態を比較的よく維持した動物と考えられている．

3.1.2 脊索動物の分類

脊索動物とはどのような動物だろうか．多細胞動物界は大きく3つに分けることができる（図 3.2）．すなわち二胚葉動物，旧口動物，新口動物である．二胚葉動物は体制が比較的単純で，外胚葉と内胚葉のみからなる．すなわち，体は内外2層の細胞層からなる．これに対して旧口動物と新口動物は，三胚葉動物で，これら2層に加えて，中胚葉と呼ばれる中間の細胞層をもつことで特徴づけられる．体制はそれによって著しく複雑性を増している．外胚葉は主として生体を外部のいろいろな危険から保護し，また外部の状況を種々の感覚器官を通して察知する．内胚葉は主として消化吸収など，生体に栄養分を与えることに寄与する．したがって外胚葉と内胚葉は動物の基本的な機能を果たしているということができる．一方，中胚葉は，その両者の間にあって，きわめて多様な組織や器官を構成し，それによって動物の体の複雑さは，飛躍的に増加したのである．脊索動物の中胚葉系の組織・器官については後述する．

旧口動物と新口動物の違いはかなり専門的であり，発生生物学の知識を必要とする．発生過程はいずれの動物でも1個の細胞である受精卵から始まり，それは細胞分裂をくり返して多細胞の胚になる．初期発生では胚を構成する細胞は分裂によって次第に小型になるが，胚の形は丸いままである．そのままでは，われわれが見る多くの動物のような形にはならない．発生のある時期に，細胞分裂の速度が低下し，胚全体の形が大きく変化する時期がある．このときは，ゴムまりのような胚の一部が内部に陥没して，内胚葉を形成し，中胚葉はその後外胚葉と内胚葉の中間に生じる．この陥没した部分が将来口になるのが旧口動物，これが肛門になり，口が新たに生じるのが新口動物である．これはきわめて模式的な記述であるが，今のところはこれで十分であ

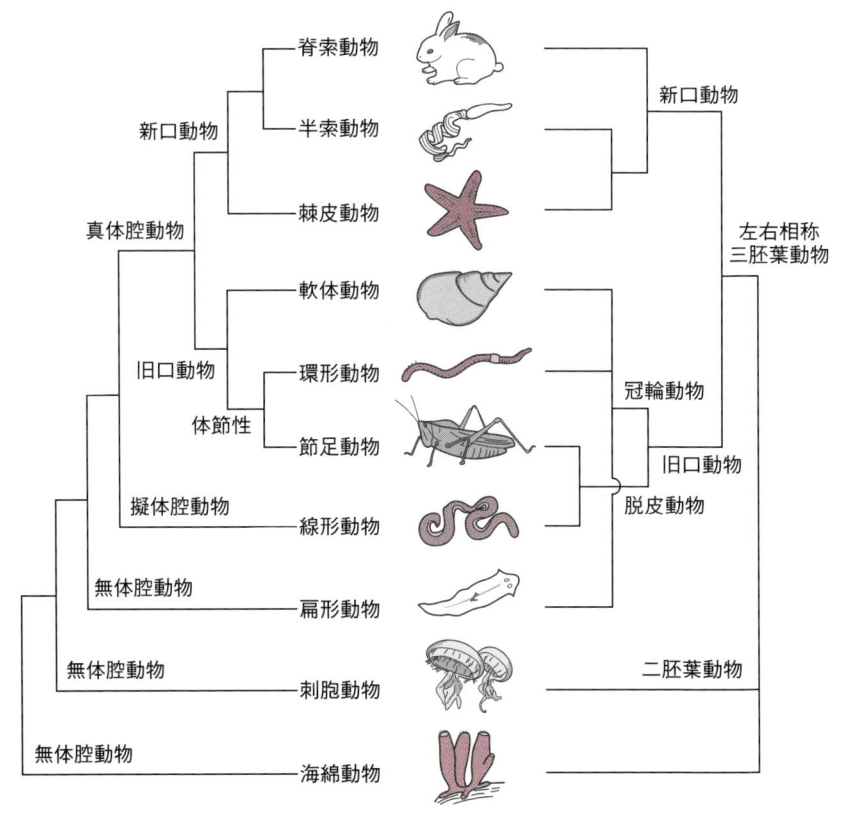

■ 3章　脊索動物における形態の変化

図 3.2　動物の系統樹
　左は伝統的な系統樹，右は分子系統学による新しい系統樹（長谷川，2003 より）．

ろう．

　脊索動物は新口動物に所属する．同じ新口動物には棘皮動物も含まれる．また，いまだにその帰属があまりはっきりしない，いくつかの動物群（半索動物など）もいる．棘皮動物（と半索動物）から脊索動物への進化はいまだにその道筋が明らかではない．多くの仮説があるが，どれも確実とはいえない．
　脊索動物の起原と進化は，近年の分子生物学的研究から大きな進展がもたらされた．かつては，ローマーなどの説にしたがって，海底などに固着して生活していた祖先動物を仮定し，これは触手動物などのように，触手を用い

3.1 脊索動物とは何か

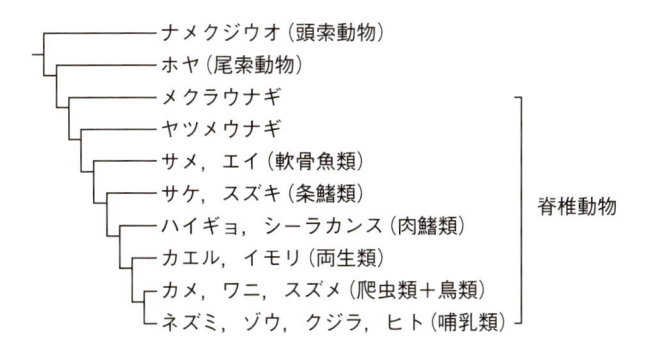

```
├─ ナメクジウオ（頭索動物）
├─ ホヤ（尾索動物）
├─ メクラウナギ        ┐
├─ ヤツメウナギ        │
├─ サメ，エイ（軟骨魚類）│
├─ サケ，スズキ（条鰭類）│
├─ ハイギョ，シーラカンス（肉鰭類） ├ 脊椎動物
├─ カエル，イモリ（両生類）│
├─ カメ，ワニ，スズメ（爬虫類＋鳥類）│
└─ ネズミ，ゾウ，クジラ，ヒト（哺乳類）┘
```

図 3.3 脊索動物の系統樹

て摂食していたとされる．この動物が，触手を用いるのをやめ，海水を口から取り込んで直接胃に取り込み，鰓に相当するスリットから排出し，海水中の微小な生物や有機物を濾しとるようになったのが，ホヤやナメクジウオの祖先である．この動物は海底などに固着生活をしていたが，その幼生は浮遊生活であった．この幼生が，ネオテニー（動物の幼生が，形態的には幼生のまま成熟すること）によって成体となったのが脊椎動物の祖先である，というのがローマーらの見解であった．

しかし現在では，ホヤやナメクジウオのゲノムが解読された結果，脊索動物の進化についてはまったく異なるシナリオが考えられている．現在の見解では，ナメクジウオなどの頭索動物（亜門）が最初に進化し（図 3.3），その原始的な形質を維持したまま脊椎動物が出現した．尾索動物（亜門）（ホヤなど）はむしろ，頭索動物から派生したもので，その進化の過程で濾過摂食動物の特徴をはっきりもつようになった，と考えられている．尾索動物は，ゲノムの再構成や脱落などにより，そのゲノム構造が頭索動物や脊椎動物とは大きく異なっている．つまり，尾索動物は脊索動物の進化において著しく変異した群であるといえる．

3.1.3 頭索動物と尾索動物の形態

それでは，脊索動物では形態はどのように変化しただろうか．まず頭索動物の形態を見てみよう．図 3.4 からもわかるように，その外形は魚類に類似

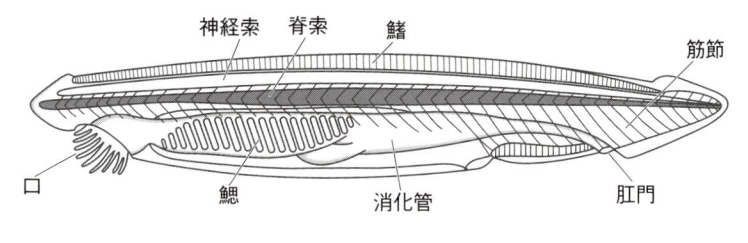

■3章 脊索動物における形態の変化

図3.4 ナメクジウオの体制

した流線型をしている．しかし明瞭な頭部をもたず，また魚類のような背鰭，腹鰭は見られない．尾鰭は発達し，海水中を活発に泳ぐ．脊椎動物のように発達した眼は存在しないが，光受容器が前方にあって，おそらくは明暗を見分けている．目立つのは，鰓で，前述のように海水中の微小な生物（プランクトン）をこしとるための装置であり，同時に呼吸器としてもはたらいている．

内部構造は脊椎動物などと比べると単純であるといえる．大きな特徴は，先にも述べたように，海水中の微小な生物などをトラップするための鰓かごが存在することである．鰓かごは口から吸い込んだ海水をこしとるはたらきをし，かごの終末からは腸管がのびて肛門まで達している．鰓かごを血管が取り囲んで海水中の酸素を取り込んでいる．重要な特徴は，背側にある脊索で，これが脊索動物のもっとも重要な派生形質である．脊索のさらに背側には，単純な棒状の神経索がある．これは脊椎動物の中枢神経系に相当するもので，このような配置は，脊椎動物と頭索動物の類縁性をはっきり示している．

尾索動物（ホヤの仲間）は一見，頭索動物とも脊椎動物ともまったく異なる形態をもっている．前述のように，かつては尾索動物が脊索動物の祖先形で頭索動物が脊椎動物の直接の祖先に近いと考えられていたので，多くの研究者はその考えに基づいて尾索動物の形態を解釈していたが，現在では頭索動物が原始形であることが確定した．したがって，尾索動物の特殊な形態は，進化の過程で固着生活に適応して生じた派生的な形質であると考えられる．

ホヤの形態（図3.5）を見ると，上がすぼまった壺のような形をして，底

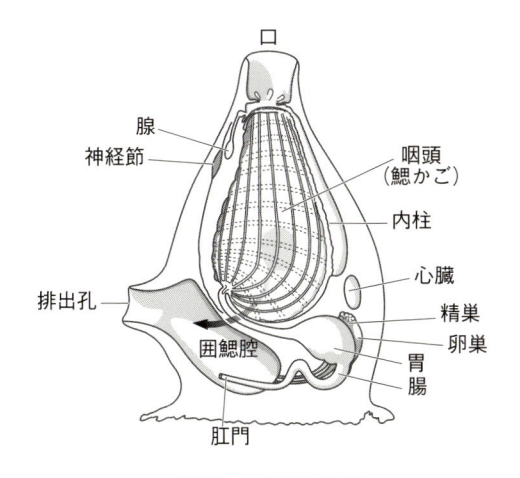

図3.5 ホヤの体制

の部分で海底の石や岸壁，ときには養殖用の綱などに固着している．口が上方にあって海水を取り込み，やはり鰓かごで食物をこしとっている．鰓かごの終末から腸管がのびて胃や腸が栄養分を消化吸収し，排泄物は体腔をへて体外に放出される．いわば，ホヤの形態は，ナメクジウオの体を途中で折り曲げ，胴体の真ん中あたりで海底などに固着しているようなものである．ナメクジウオとの大きな違いは，成体では脊索がほぼ退化して見えないことである．また神経索も痕跡的である．

3.1.4　脊椎動物の形態

　脊索動物の中の大きな2つのグループ，頭索動物と尾索動物を見てきた．それでは最後のグループ，脊椎動物はどのような形態的特徴をもつだろうか．われわれは，たとえばイワシとゾウはとても異なる形態をもっていると考えがちである．ナメクジウオとイワシはなんとなく似ているとも思われるかもしれず，むしろゾウの方が遠くへだたっていると感じられるかもしれない．この違いはもちろん，イワシが水中に生息するのに対してゾウが陸上に生活することによるところが大きい．そのほか，脊椎動物の中には，クジラ，さらに化石の動物まで含めればアルゼンチノサウルスやマメンチサウルスなどの超大型動物から体長がわずか数 cm のアフリカチビネズミの仲間まで，実

に多様な形態の動物が含まれる．それでは脊椎動物の形態は，ある動物群の形態としては異例なほど多様なのであろうか．生物学者は，そうでないという．実は脊椎動物はきわめてよくまとまった「小さい」生物群なのである．それは，いくつかの共有派生形質（コラム1参照）で定義することができる．たとえば，骨性の内骨格をもち，その一部は背骨（脊椎，あるいは椎骨）として脊髄を保護している．頭部も骨性の頭蓋が脳を保護していて，これが脊椎動物の神経系の発達には大きな影響を与えてきた．

脊椎動物が多様に見えるのは，そのほかの形質もある．たとえば，鳥類の羽毛と爬虫類の鱗は表面上まったく異なるもののように見える．しかし発生学的にいうと実はこれらはほとんど「同じもの」である．鳥類の翼と爬虫類や哺乳類の前肢も，姿形はちがっても，内部の骨格などはほとんど同じである．さらにその祖先形はある種の魚類にも見られる．このように，脊椎動物は，基本的な形態を少しずつ変化させてそれぞれの環境に適応した形態を獲得している．

脊椎動物の内部形態も，基本的に尾索動物や頭索動物のそれを踏襲しているということができる．もちろん，この点ではかなりの変異と変化が見られ，簡単に比べることは難しい．大きな変化は，鰓かごが消失したことである．といっても，完全に消失したわけではなく，その名残はなんとわれわれの内分泌器官である甲状腺などに見られる．また，脊索動物の名称の元になっている脊索は，多くの脊椎動物成体で痕跡的になっている．そのほか，神経系，血管系，感覚器系などは相当に変化している．

このような大きな体制のことをボディープラン（body plan）と呼ぶ．この用語は最近の生物学，とくに発生生物学では好まれて用いられる．かつてドイツ語でBauplanと呼ばれた概念と同じであるが，現在ではそれが生じた進化的，発生学的由来を強調することが多い．

3.2　脊椎動物の進化と比較形態学

本書は動物の形態がどのように形成され，どのように進化してきたかを示すことを目的としている．すべての動物についてそれを明らかにするのは困

難なので，研究のよく進んでいる脊椎動物について述べることにしている．前節では，脊椎動物に至る脊索動物の簡単な道筋をたどった．本節では，脊椎動物各群の形態を比較して，あわせてその進化の過程をたどってみよう．

3.2.1 脊椎動物の分類

わが国の中学校では脊椎動物は「背骨のある動物」として学習し，そのなかに魚類，両生類，爬虫類，鳥類，哺乳類を区別する．高等学校では，脊椎動物が新口動物に所属し，そこには棘皮動物，原索動物（尾索動物，頭索動物），脊椎動物が分類されている．脊椎動物は，中学校と同じく5つの群に分類される．しかし，大学以後の分類学や系統学の講義ではかなり異なる分類体系を学ぶことになる．

図 3.6a には脊椎動物の全系統が示されている．ここではすべての系統は二分岐する枝として表される．これは1960年代から系統学の主流となっている分岐分類学の方法によって系統を示しているからである（コラム1参照）．この図では軟骨魚類はすべてのほかの脊椎動物群の姉妹群であり，条鰭類（「普通の」硬骨魚類）は残りの肉鰭類，四足類の姉妹群となっている．この分類では，高等学校で学習するように，軟骨魚類，条鰭類，肉鰭類を総称して魚類ということはできない．一方，1つの枝からなる分類群，たとえば羊膜類や両生類は単系統群と呼ばれる．羊膜類と両生類をあわせた四足類ももとをたどれば1本の枝なので，単系統群である．この図では肉鰭類（シーラカンス類と肺魚類）は四足類の姉妹群になっているが，シーラカンス類が，肺魚類と四足類の姉妹群であって，四足類は肺魚類と近いものから分岐したとする考えも有力である．現在までこの問題は解決されていない．

この図では羊膜類が単系統群として描かれている．羊膜類は一般に爬虫類，鳥類，哺乳類を含むグループで，発生の途中で胚体から生じる胚膜（羊膜，漿膜，尿嚢，卵黄嚢）をもつグループである．この胚膜の存在によって（あるいは胚膜が進化したことによって）このグループは陸上に卵を産むことができ，完全な陸上生活に適応することができた．もちろん哺乳類（の大部分）は胎生であって卵を産まないが，それでもこれらの胚膜は発生の途中に出現する．

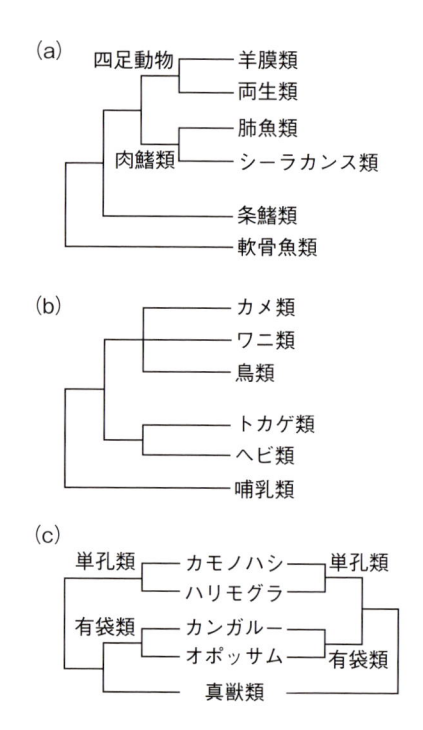

図 3.6　脊椎動物（a），羊膜類（b），哺乳類（c）の系統樹
哺乳類については，左は伝統的な系統樹，右は分子系統学による新しい系統樹．

　羊膜類，とくに爬虫類の分類については，かつてはほとんどの分類学者が，カメ類が祖先的でほかの（鳥類を含む）グループに対して姉妹群であることを認めていたが，近年の分子系統学の成果は，トカゲ，ヘビを含む有鱗類とカメ類，ワニ類，鳥類を含むグループがまず分岐したということを示している（図 3.6b）．しかも，カメ類は爬虫類・鳥類のグループで最初に分岐した系統でもない，と示唆されている．なお，ワニ類，鳥類，カメ類の中では，ワニ類が鳥類よりもカメ類に近縁であるというデータも得られていて，まだ決着がつかない．なお，この分類からも明らかなように，鳥類を独立させて爬虫類と同等の分類階級（タクソン）とすることは，できない．この点は中学校や高等学校の教科書で学んだことと大きく異なる．ただ，現実には鳥類

を独立的に扱うと便利なこともあり，本書でもしばしばそのように記述することがあることを，ご了承いただきたい．

われわれは哺乳類に属している．哺乳類は伝統的に単孔類，有袋類，真獣類に分類され，この分類は現在でも維持されている．これまでは，単孔類がもっとも原始的で，ついで有袋類と真獣類が分岐したと考えられてきた（図3.6c 左）が，最近の分子系統学の研究は，ここでも変更を迫っている．つまり，まず真獣類と，有袋類＋単孔類が分岐し，有袋類と単孔類がそのあとで分岐した（図右）というのである．真獣類の中の分類体系も，依然としていろいろな議論が絶えない．

このように，脊椎動物や哺乳類という，われわれになじみの深い動物群でも，その本当の類縁関係はいまだに決定的ではないのである．このことを念頭においたまま，脊椎動物の形態を少し詳しく見ていくことにしよう．

3.2.2 脊椎動物比較形態学

脊椎動物の形態をすべて比較することはできないので，ここではいくつか特徴的な器官などの形態を比較することにしよう．

a. 外　形

脊椎動物の外形は主要な群ごとにずいぶん異なって見える．イワシとネコはどうみても同じ体形とはいえない．主要な差異はやはり四足の存在であろう．それだけではなく，イワシにはネコに見られるような尻尾も耳も見当たらない．これほど異なる外形の動物が，近縁とはとてもいえないと思えるかもしれない．しかし，たとえば節足動物にしても，ショウジョウバエとザリガニも一見したところ類似点は何一つない．このように動物の大きな分類群（門，あるいは亜門）のなかで外形が似ていないことはごく普通のことであって驚くにはあたらない．それどころか，脊椎動物の群をもう少し丁寧に見ると，われわれはそれらが一続きの系列をなすことを見いだすのである．

前述のように，現在では魚類という分類群は正式には存在しないが，ここではその用語を用いることにしよう．魚類とその次の段階である両生類との間には，化石動物であるユーステノプテロン（図 3.7a）という動物がいて，これはまだ魚類的ではあるが，両者の中間系とみなすことができる．また，

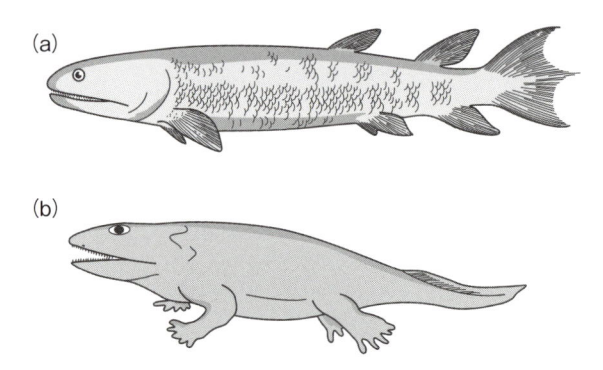

図 3.7 ユーステノプテロン（a）とイクチオステガ（b）の復元図

より両生類的特徴をもつイクチオステガ（図 3.7b）という動物の化石も知られていて，こうして魚類から両生類には滑らかな連続性を認めることができる．

両生類と爬虫類の中間形としては，セイモウリア類というグループが知られていて，これは両生類に含ませる研究者と，爬虫類に分類する研究者が対立するほど，どちらとも類似している．いわゆる爬虫類と鳥類の間にはよく知られている始祖鳥（アルケオプテリクス）がいるし，いわゆる爬虫類と哺乳類の間には獣形類という（これは爬虫類に分類される）仲間がいる．

これらの中間形を含めて考えると，脊椎動物各グループ間の外形はそれほどの断絶なしにつなげて考えることができる．

b. 外　皮

外皮とは，皮膚とその派生物である．すべての脊椎動物は外胚葉由来の表皮と中胚葉由来の真皮からなる皮膚と，この両者から構成される種々の派生構造物をもっている．それらの形状や色などはそれぞれの動物の外観に大きな影響を与える．

皮膚は，脊椎動物間で比較的よく似ている．表皮は多くの場合，数層または 10 数層の細胞層からなり，その基底層（内側）には幹細胞を含む分裂層（増殖層）が存在する．表皮細胞は基底層で分裂するとその形態を変えながら表皮を上に移動し，最終的には死滅して剥落する．皮膚（とその派生物）の構

造が動物の生育環境と密接に関係していることはいうまでもない．水中に生息する動物では乾燥の心配がないから，皮膚はそれほど厚くはなく，一方，陸上生活の脊椎動物では，皮膚は厚く，しばしば最上層の細胞はケラチン化して乾燥に対抗すると同時に，環境中の種々の危険物質から体を保護している．

派生物の種類は豊富である．それは大きく2種類に分けられる．1つは粘液などを分泌する外分泌腺であり，もう1つは羽毛や毛のようなものである．外分泌腺としては，粘液腺（毒腺），乳腺，汗腺，皮脂腺などがある．腺の形態としては，単純腺と複合腺を区別し，また分泌される物質によって漿液（さらさらしている）腺と粘液（ねばねばしている）腺が区別される．さらに分泌の様式として，腺細胞は崩壊せずに分泌物のみが放出される漏出分泌腺，細胞の一部と分泌物が放出される離出分泌腺，腺細胞自体が崩壊して分泌物となる全分泌腺が区別されている．

羽毛や毛のような表皮派生物も多様である．主要なものは鱗，羽毛，毛であるが，そのほかにも嘴，蹄，爪，角などがある．

鱗は魚類と爬虫類，それに哺乳類の一部に見られる．魚類の鱗は真皮性の鱗で，真皮中に骨性の板が生じ，それが密着して，あるいは重なり合っているものである．爬虫類の鱗は，起原を異にし，表皮が肥厚して重なり合うものである．この両者は同じ名前で呼ばれるがまったく別物である．

羽毛は発生学的には爬虫類の鱗と相同のものといわれる（7.2参照）．鱗と同様に表皮が肥厚し，ついで表皮が真皮中に陥入すると同時に中心部が突出し，その後複雑な形態形成を経て種々の形態の羽毛が生じる．羽毛が存在することが，古くから鳥類と爬虫類を区別する根拠となってきたのであるが，近年中国から明らかに爬虫類でありながら羽毛をもっていたと思われる化石が多数発見され，この点でも鳥類が爬虫類の仲間であることが裏付けられる．

一方，毛は哺乳類に固有の特徴であると考えられている．毛は発生学的にも鱗や羽毛とは異なり，表皮が真皮に陥入するが，表皮が突出することはなく，陥入した最奥部でつくられる毛が皮膚表面から突出するのである．羽毛と毛の基本的な相違点は，羽毛では突出した部分に真皮成分を含むが，毛で

は含まない，という点である．

　嘴，蹄，爪，角はいずれも，表皮の角質化が進み，ものを掴んだり，地面を強く蹴ったり，あるいは敵と戦う武器となったものである．一部は鳥類にも見られるが，ほとんどは哺乳類において著しく進化した．

c. 骨格系

　脊椎動物の骨格系を詳細に述べることは本書の範囲ではない．主要な骨格についてその比較形態学的特徴を各動物群について述べるにとどめる．

　まず，骨格系には，中軸骨格と体性骨格があることを知っていただきたい．中軸骨格は頭の方（生物学的には前方）から，頭蓋，椎骨，肋骨であり，体性骨格の主要なものは四肢骨である．また，骨格系は軟骨と硬骨（生物学的には単に骨）とに分かれ，さらに骨は軟骨を経由して形成される置換骨と直接形成される結合組織性骨（呼び方はいろいろある）とに分かれる．後者はほとんどが頭蓋の扁平骨（膜骨）である．

　① 頭　蓋

　頭蓋は複雑な成り立ちをもっている．また動物群間の相同性もいまだに確定してはいない．発生学的には３つの要素からなる．（ⅰ）神経頭蓋（軟骨頭蓋），（ⅱ）皮骨頭蓋，（ⅲ）内臓頭蓋である．神経頭蓋は，頭蓋の底辺と側面をつくるもので，最初は軟骨性であるが，多くの脊椎動物で骨によって置換される．皮骨頭蓋は軟骨頭蓋にふたをするようにつくられるもので，そのいくつかは膜骨性である．内臓頭蓋は顎や首のあたりの骨で，発生学的には鰓部から生じる．多くは軟骨性であるが，骨で置換されたり覆われたりするものもある．

　脊椎動物の進化における頭蓋全体の変化を図3.8に示した．個々の骨要素に名称を付けるのは煩雑なので，いくつかの骨にマークを付して名称をつけた．これによって，頭蓋を構成する骨が相互の位置関係を変えながら変化したことが見て取れるであろう．その全貌を述べるには厚い書物１冊を必要とするので，ここではきわめて簡単に要約する．古代の魚類頭蓋の前方にあった多くの骨は，次第に減少して，１対の鼻骨に集約される．また涙骨は鼻域から眼窩まで達するが次第に大きくなる上顎骨においやられるように，眼窩

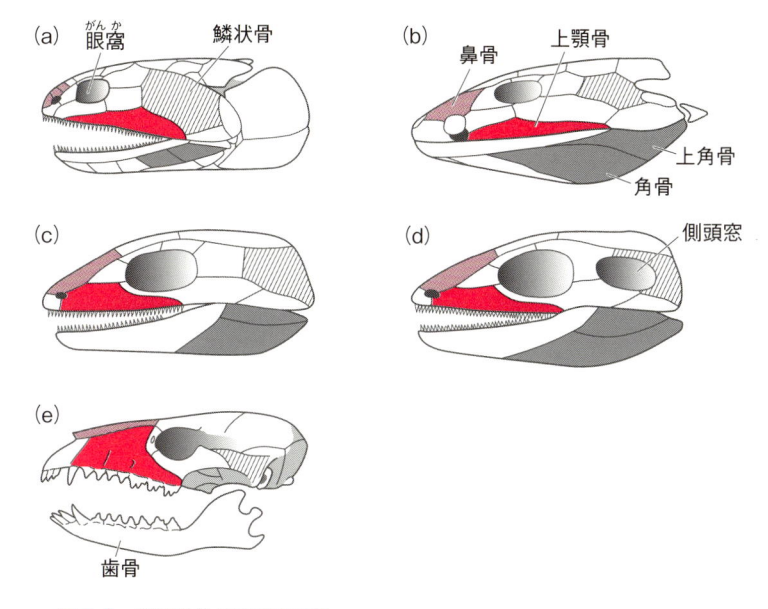

図 3.8 脊椎動物の頭蓋の変化
(a) 総鰭類, (b) イクチオステガ, (c) 原始的爬虫類, (d) 獣形爬虫類, (e) 哺乳類. 対応する骨に色をつけてある.

の縁にのみ見いだされるようになる. 頭蓋のもっとも目立つ変化は, 爬虫類における側頭窓の出現である. これは次第に発達した咬筋を収納するための孔と考えられている. 図にあるように獣型爬虫類では 1 個の側頭窓をもち(単弓類), 一方, ワニ類, 鳥類, 恐竜類は 2 つの側頭窓をもつ (双弓類). 哺乳類ではより筋肉が発達して, 眼窩が後方の側頭窓と連絡しているので, 側頭窓はもはや見られない. カメ類は側頭窓がないので無弓類と呼ばれ, これが, カメ類が原始的性質を残していると考える 1 つの根拠であったが, 近年は必ずしもそのように考えられていないことは, 前述のとおりである.

頭蓋のなかで, 脊椎動物の進化に伴って大きく変化した部分として有名なのは, 哺乳類で耳小骨として知られる骨である (図 3.9). 耳小骨は中耳にあって, ツチ骨 (槌骨), キヌタ骨 (砧骨), アブミ骨 (鐙骨) からなる. これらの骨要素は進化の過程でも, 哺乳類の発生過程でも, 最初から中耳に存在す

■ 3章　脊索動物における形態の変化

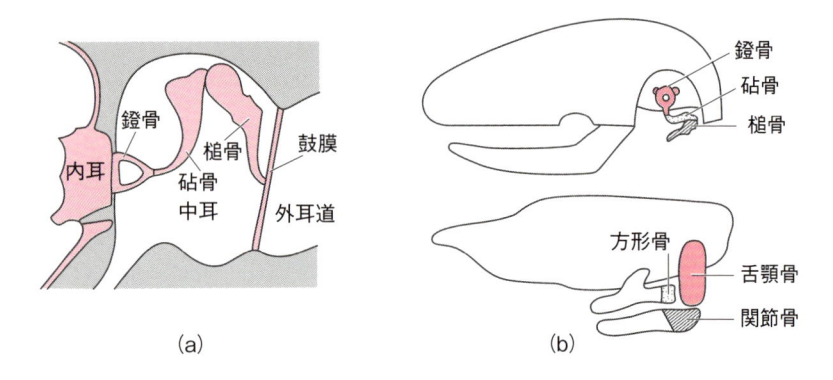

図 3.9　耳小骨の進化
(a) 哺乳類の耳小骨の配置，(b) 哺乳類の耳小骨（上）と魚類の顎の骨（下）の対比．

るのではなく，もとは顎の関節に用いられていたのである．つまり，アブミ骨は魚類の舌顎軟骨，両生類，爬虫類，鳥類の耳小柱と相同であり，キヌタ骨は方形骨，ツチ骨は関節骨というそれぞれ上顎と下顎をつなぐ役目をもっていた骨と相同である．実際，哺乳類の胎児を観察すると，ツチ骨は歯骨の内部にあるメッケル軟骨の端に付着し，それと接してキヌタ骨，さらにアブミ骨が並んでいる．なお耳小柱はほかの2つの骨より一足早くに，四足動物で音響を伝えるはたらきをするようになっている．哺乳類では歯骨が伸びて鱗状骨と直接関節する．なお，耳小骨が中耳に収まって新しい聴覚器官が生まれたわけであるが，このとき鼓膜も新たに生じたといわれる．両生類や爬虫類の鼓膜と，哺乳類の鼓膜は起原を異にする．

② **脊椎と椎骨**

脊椎動物という名称の元になっている脊椎（脊柱）は，多数の椎骨が関節をつくって成り立っている．椎骨の数は動物によって様々であり，しかも発生の過程で最前方のいくつかは頭蓋に取り込まれてしまう．もっとも多いのはヘビなどで，その数は400を超える．無尾両生類のあるものはせいぜい10個程度である．哺乳類は比較的数が安定していて，ヒトでは頸椎が7個，胸椎が12個，腰椎5個，仙椎5個，そして尾椎が3～5個である（図 3.10）．このように脊椎が分類できるのはそれぞれ特徴があるためで，とくに胸椎は

肋骨がついていることで区別でき，また仙椎は骨盤を形成して後肢を支える構造となる（表3.1）．

魚類では体幹椎骨（胴椎）と尾部椎骨（尾椎）に分かれる．胴椎はほぼ同じような形態で，一方，後者は腹側に血道弓をもつことが特徴である．陸上四足動物は，四肢の形成によって脊柱の形態も大きく変わり，重力に対抗するために頑丈さを増す．両生類では，1個の頸椎が頭蓋と関節を形成し，続いて体幹椎骨がある．1個の仙椎が後肢の腰帯と結合して，体重を支える．有尾両生類には尾椎が存在するが無尾両生類は当然尾椎を欠き，その代わり仙椎には尾端骨という，いくつかの尾椎が融合した骨が存在する．爬虫類の脊柱は変異が大きい．ワニやトカゲでは，哺乳類と同様に頸椎，胸椎，腰椎，仙椎，尾椎に分かれている．頸椎の前方の2個は，環椎，軸椎という特別な形の椎骨になり，首の運動を容易にしている．この状態は鳥類，哺乳類でも同様である．

図 3.10 ヒトの椎骨の模式図

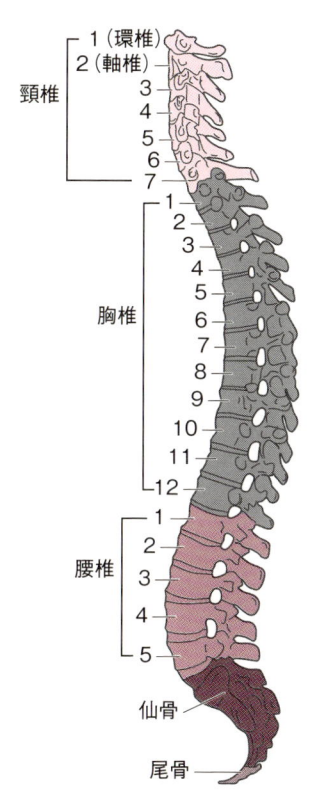

表 3.1 脊椎動物の椎骨

基本形（魚類）	陸上四足動物		哺乳類	ヒトにおける数
胴椎	仙前椎	頸椎（肋骨は短い．あるいはない）	頸椎（肋骨なし）	7
		胸腰椎（肋骨あり）	胸椎（肋骨あり）	12
			腰椎（肋骨なし）	5
	仙椎	仙椎（腰帯）	仙椎（腰帯）	5（融合して1個の仙骨を形成）
尾椎（血道弓）	尾椎	尾椎	尾椎	3～5（1個の尾骨を形成）

鳥類では，飛翔という特別な行動様式に応じて，頸椎以外の，後部胸椎，腰椎，仙椎，そして前方の尾椎は境界が定かでないほど，しっかり結合されている．なお，鳥類の胸骨は大きな飛翔筋が付着するための隆起をもっていて，特別に竜骨と呼ばれる．哺乳類では，前述のように椎骨の区分がはっきりしている．大きな特徴は，頸椎の数が（わずかな例外を除いて）7個であることで，首の長さは頸椎そのものの長さで決まっている．胸椎は肋骨をもち，肋骨は腹側で胸骨とつながっているものと，胸骨まで達しないものとに区分される．

③ 鰭と四肢骨

四足動物の四肢骨はきわめて類似性が高く，相同性のよい例となっている．われわれも含めて，前肢には上腕骨，橈骨，尺骨があり，掌の手根骨，中手骨，そして指骨があり，一方，後肢には大腿骨，脛骨，腓骨，足根骨，中足骨，指骨がある．もちろん四足動物間でまったく変異がないというわけではなく，指の数は少なくとも成体では異なることがある．ただ，その発生をみるとほとんどの場合，基本的に5本の指原基をもつのである．

四肢骨がどのように進化したかについては，昔から魚類の対鰭（胸鰭，腹鰭）との相同性が考えられてきた．この分野での近年の研究は活発で，現在では対鰭からの進化が確からしくなっている．たとえば，前出のユーステノプテロンの胸鰭には，四足動物の上腕骨，橈骨，尺骨に相当する骨要素が明らかに見てとれる（図3.11）．ただし，掌と指の骨（自脚という）については，

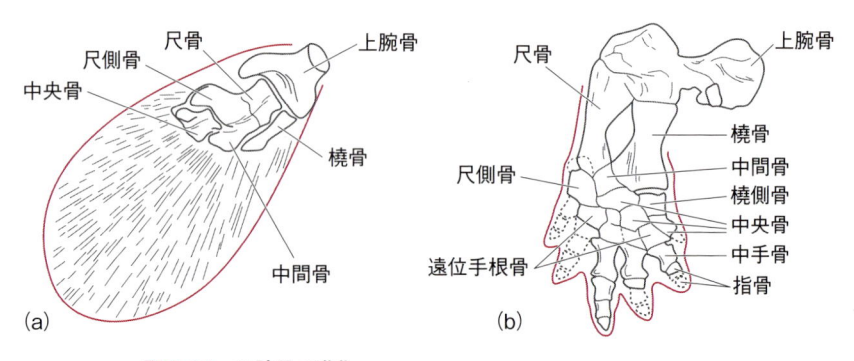

図3.11 四肢骨の進化
(a) ユーステノプテロンの鰭骨，(b) 原始的両生類の前肢．

四足動物になってから（あるいはその途上で）新たに獲得されたと考えられている．その際に，魚類対鰭の基部－末端軸が折れ曲がり，その曲がった部分にあらたに自脚が付け加わったとするモデルが有力である（7.4参照）．

　四肢は，陸上にあがった脊椎動物が，体を地面から持ち上げ，運動することを可能にした．しかし四肢が存在しただけではそれは可能ではない．四肢にかかる力を体が受け止めなければならない．それは前肢では肩帯，後肢では腰帯と呼ばれる「装置」でなされる．いずれもいくつかの骨要素からなる．肩帯はかなり変異が大きく，とくに皮骨に由来する鎖骨，上鎖骨，間鎖骨などは，動物によって消失したりあるいは退化したりしている．これに比べて，内骨格性（軟骨性あるいは置換骨）の肩甲骨や烏口骨は，前肢と関節し，また筋肉が付着するので多くの動物に見られる．腰帯は，肩帯とは相同性が見いだせない．多くの脊椎動物で腰帯は腸骨，坐骨，恥骨という3個の骨からなり，これらの骨の中央に大腿骨の骨頭がおさまる寛骨臼というへこみ（あるいは孔）が形成される．それぞれの要素の形態は動物によって様々であり，恐竜などではその形態が分類の重要な指標になる．

d. 呼吸器系

　脊椎動物が陸上にあがるに際しては，いくつかの難問があった．すなわち，乾燥対策，重力対策，呼吸対策，浸透圧対策，そして卵の保護対策である．このうち，乾燥対策は皮膚の形態変化や腎臓における水分の保持などが重要であり，重力対策は上述の骨格系の変化を必要とした．ここでは呼吸器系の形態と機能の変化を取り上げよう．

　魚類は鰓を通る水流から酸素を取り入れる．水生環境から空気中での生活への変換は動物にとっては重大なことであった．しかし，実は空気呼吸への準備はすでに魚類の時代に始まっていたとも考えられている．すなわち，原始的な条鰭類や肉鰭類（シーラカンス，肺魚など）は明らかな肺をもっている．現生軟骨魚類には肺の痕跡もないが，化石軟骨魚類にはそれらしい構造が認められるという．つまり，魚類はその進化の初期にすでに二次的な呼吸器官として肺をもっていたことになる．多くの魚類は鰾をもっているが，これはむしろ条鰭類が進化する間に，肺から変化し，主として浮力の調節に役立っ

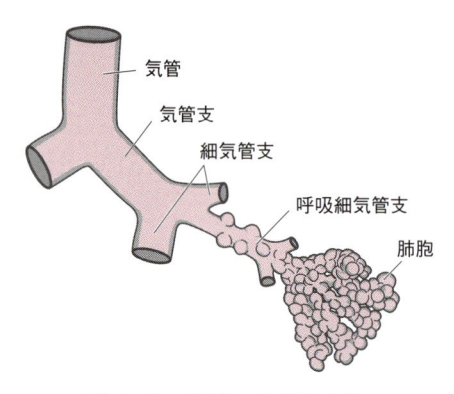

図 3.12 哺乳類の気管支と肺
気管支以下は片側のみを示す．

ていると考えられる．

　両生類の肺はきわめて簡単な構造をしている．両生類は，種類にもよるが，酸素摂取の相当の割合を皮膚呼吸に依存している．両生類の肺は，いわば単純な袋の内側にわずかな肺胞をもっているにすぎない．羊膜類の肺は爬虫類から哺乳類に至る間に次第に複雑になり，哺乳類では，気管，気管支，細気管支などが何回も枝分かれして空気を最終的に肺胞まで導く（図 3.12）．肺胞の細胞（上皮細胞）はきわめて薄く，効率よくガス交換が行われるようになっている．

　鳥類の肺は独特で，肺本体から気嚢と呼ばれる袋が左右に突出し，これが体のあちこちに伸びている（図 3.13）．あるものは頸部まで伸び，内臓の中には腹部嚢と呼ばれる気嚢が入り込む．さらに骨格のなかにも進入し，部分的に骨髄と置き換わっていることもある．気嚢そのものにはガス交換の機能はないが，気嚢からは肺あるいはその前方（出口側）に通じる細い管があって，空気は肺から気嚢を通って一方通行で出口へと至る．このことが鳥類における高い酸素要求を可能にしている．

e. 脳と神経系

　最後に，脊椎動物の進化において，もっとも著しい変化をみせる器官である脳について述べよう．これも多くの比較解剖学的，比較形態学的研究があ

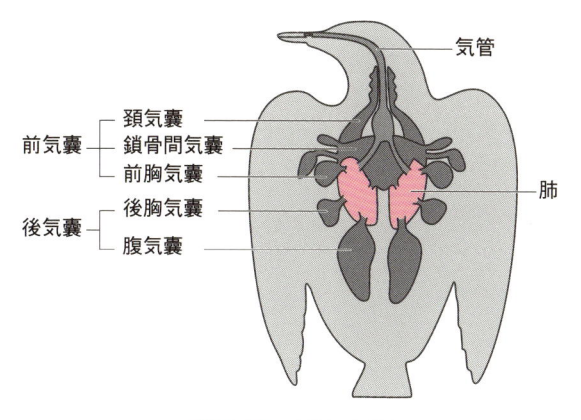

図 3.13　鳥類の気嚢

り，また脳の各部の機能については成書だけでも枚挙にいとまがないほどである．ここでは脳と脳神経系の形態について，簡単な記述を試みることにする．

神経系は，中枢神経系と末梢神経系とに分類される．この区分は必ずしも厳密ではないが，おおまかには前者は脳と脊髄，後者はそれ以外の神経と考えてよいであろう．中枢神経系，すなわち脳と脊髄はともに発生の過程で神経管から形成される．

神経管は脊椎動物胚の背側に，外胚葉の管として生じる．管はすぐに前方が膨らみ，脳胞と呼ばれる．脳胞は前方から，前脳胞，中脳胞，菱脳胞（後脳胞）に分かれ，それぞれがその後の発生で脳の各部を形成する（図 3.14）．神経管は管であるから，その中心には腔所がある．この腔所は，その後の発生においても完全に閉塞されることはなく，終生脳室および脊髄腔として残存する．

脳は体の前方に形成される．これは祖先動物において，体が進行する方向からの情報を受容する感覚器官が前方に存在したことと密接に関連する．脳は本来感覚器官からの情報を得て，それに対応するための命令を体部に伝えるはたらきをしたものである．しかし脊椎動物では，感覚受容と運動の指令の間に，複雑な情報の統合，制御が行われることになり，それに必要な種々

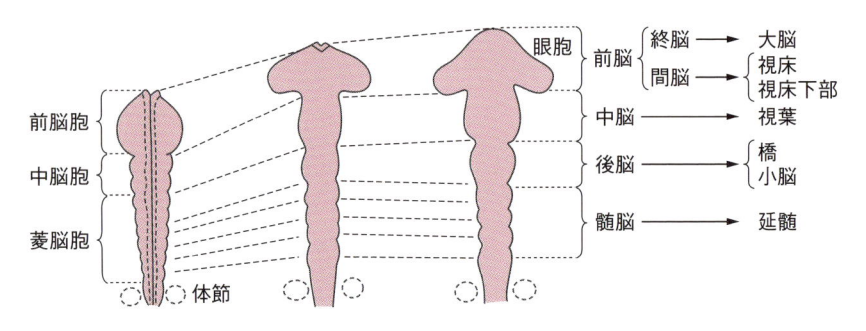

図3.14　ニワトリ胚における脳の領域化

の介在神経が発達したのである．

　前述のように脳は神経管の前方部分として生じる．管の壁は当然外胚葉性の細胞からなるが，最初は1層の細胞層しかない．細胞はここで活発に細胞分裂し，やがて分裂を終了した細胞は神経管の外側の方に移動し，神経細胞（ニューロン）に分化する．脳のそれぞれの部分では細胞が特徴的な層構造や核と呼ばれる細胞の密集した領域を形成する．このように脳の中では特定の機能を司る神経細胞が特定の領域に集中していることが多く，その領域は中枢と呼ばれる．

　脊椎動物について，その脳の構築を見ていくことにしよう．ちなみに，ナメクジウオでは脳は脊髄よりむしろ細く，ほとんど脳とはいえない状態である．ただ，中心の腔所は脊髄より広く，また細胞に特殊化が認められるので，この部分を脳胞という．

　先に，脳は発生過程で前脳胞，中脳胞，菱脳胞から分化すると述べた．すぐに前脳胞からは終脳と間脳，菱脳胞からは後脳と延髄が生じて，中脳胞から生じる中脳と合わせて5つの領域に分かれる．これらが脳の基本となる領域である．どちらかといえば後方の脳ほど原始的な様相を残しているし，動物間での差異も少ないので，後方から前方に向かって記述していくことにしよう．

　① 延　髄

　延髄は脊髄とよく似た構造をしていると述べた．ただ，中心の腔所は拡大

して第四脳室となり，背側の上皮は神経性ではなく，血管が発達して脈絡叢となって，脳脊髄液の供給に役立っている．側面および腹側の神経には，神経繊維（体性感覚神経，内臓性感覚神経，内臓性運動神経，体性運動神経）が上行および下行する柱（カラム）が存在するが，哺乳類ではカラムのなかにいくつかの中枢が分化する．

② 後　脳

延髄とは異なり，後脳の背側は大きく突出して小脳になっている．小脳は筋収縮を統御して姿勢の保持に関わっている．したがって脊椎動物の姿勢保持と小脳の発達には密接な関係がある．現生の魚類のうち，活動の活発でないものや両生類，爬虫類では小脳は小さく，一方，活発な魚類，鳥類，哺乳類では小脳が発達して延髄や中脳に覆い被さるようになっている．また哺乳類では，姿勢の維持に関与する触覚，筋肉の緊張，視覚などが発達し，そのために小脳と大脳の間に特別な繊維束が走っている．これは橋と呼ばれ，延髄と後脳の床（腹側），中脳，間脳の側面を通っている．

③ 中　脳

発生学的観点から，中脳は視覚と結びついている．眼の網膜は間脳（前脳）から生じるが，哺乳類（とある程度は爬虫類）をのぞいて，ほかの脊椎動物では視神経は途中で止まることなく中脳の背側の視蓋まで到達する．哺乳類以外の動物では視覚中枢（視葉）は中脳に存在し，この中枢の形態は眼のサイズや正確さと密接に関係している．多くの硬骨魚類やとりわけ鳥類では視葉はかなり大きい．それでは哺乳類では視覚中枢はどこに位置するかといえば，それは大脳である．図 3.15 に見るように，哺乳類では視覚は間脳の視床で「乗り換え」て，大脳に至るのである．ただし，ごくわずかな繊維はそのまま中脳に至る．哺乳類の中脳は比較的小さい四丘体という盛り上がりを形成する．これも視覚と聴覚に関与するが，重要性という観点からは大脳ほどではない．

④ 間　脳

間脳は比較的小さい領域であるが，きわめて多様な，重要な機能を担っている（図 3.16）．眼の網膜は本来間脳の一部が突出して形成されるものであ

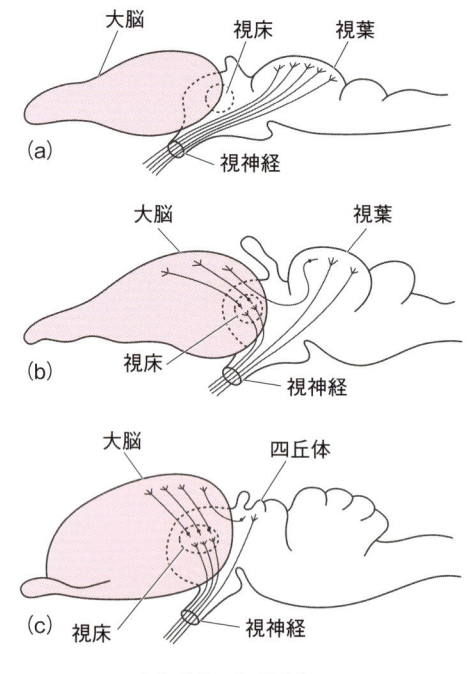

■ 3章　脊索動物における形態の変化

図3.15　脊椎動物の視覚中枢
(a) 両生類，(b) 爬虫類，(c) 哺乳類．

るし，間脳の背側（視床上部），側壁（視床），腹側（視床下部）はそれぞれ異なる構造と機能をもっている．眼についてはすでに述べた．

　視床上部には脈絡叢があり，それを覆う細胞層は中脳と終脳の細胞からなる．中脳由来の重要な器官としては松果体がある．この構造物は脊椎動物の歴史ではきわめて興味深いものである．つまり脊椎動物の祖先にあっては，1対の眼のほかにもう1つ，正中線上に眼があったのである．化石魚類である骨皮類や大部分の板皮類は明らかにそのような眼をもっていたことが化石から知られている．また，双鰭類，古代の両生類と爬虫類も同様である．しかし現生動物ではヤツメウナギと少数の爬虫類（ムカシトカゲ）に小さい眼が見いだされるだけである．松果体はこのような古代の眼の名残であると考えられている．しかし現在ではこれは腺状の構造をとり，メラトニンなどの

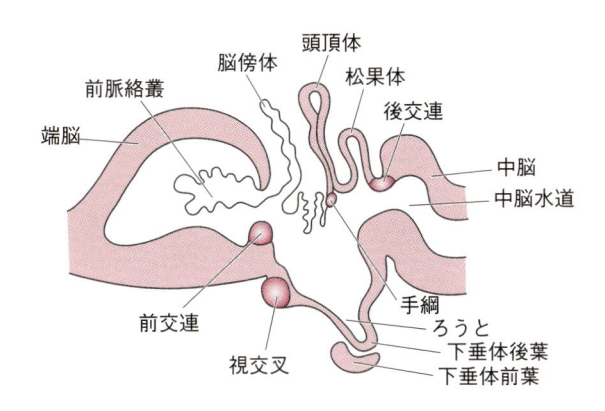

図 3.16 脊椎動物の間脳の模式図

ホルモン様物質を分泌している．メラトニンは動物の日周的行動にも関係し，おそらくはかつて光受容器であった器官の機能の一部を残していると考えられる．

視床は間脳の側面にある肥厚した壁で，大脳半球からの感覚および運動ニューロンの走行路として重要である．その背側は主として感覚神経，腹側は運動神経の通路であり，運動神経路は脊椎動物各群であまり変異はない．感覚神経路は，動物の感覚制御の複雑さに応じて発達の度合いが異なり，主として小脳と視蓋で情報処理が行われる下等脊椎動物では発達の度合いが低い．哺乳類ではすべての情報が大脳で処理されるため，視床は視覚および聴覚の主要な情報伝達通路となっている．

視床下部は，機能的には3つの領域から構成される．もっとも前方には視交叉があり，その後方には自律機能を司る中枢がある．後者は，体温コントロール，性行動，呼吸率，感情的反応，睡眠のリズムなどの非随意反応を調節する．第三の領域はホルモンの分泌に関わるもので，多くの下垂体ホルモンの分泌は視床下部からのホルモンによって制御されている．多くのホルモンが負のフィードバック機構で制御されるが，その多くは視床下部に対するホルモンの作用によっている．

⑤ 終 脳

終脳は本来嗅覚の中枢であったが，その後の進化の過程で，めざましい変化をとげ，われわれのあらゆる知的活動を担う領域となった．本来の終脳はまず，嗅球と依然として嗅覚を司る嗅葉（古外套）とに分かれた．ついで大脳半球が主要な統合の場となり，また，灰白質が脳の表面を覆うようになった．大脳半球は，多くの中枢を含むようになり，その体積を増し，後方の脳領域を覆い隠すまでになった．その内部の変化は図3.17に示すとおりである．これを見ると，初期に優勢であった古外套が次第に縮小され，それに代わって新外套がとくに哺乳類で脳の外表面を覆っていることが明瞭に見て取れる．もう1つの特徴は，線条体（基底核）の発達である．線条体は嗅覚の受容に加えて，視床や中脳とも連絡をもっている．鳥類のような複雑な本能行動を示す動物では，線条体が大脳のかなりの部分を占めている．

爬虫類にはじめて見られる新外套は，哺乳類では全大脳の表面を覆い，大脳皮質と呼ばれる．大脳皮質は表面にしわをつくり，前述のようにわれわれの理性や精神的な活動を担うようになった．一方，初期の段階で見られた原外套は，今や縮小されて記憶に関与する海馬となっている．

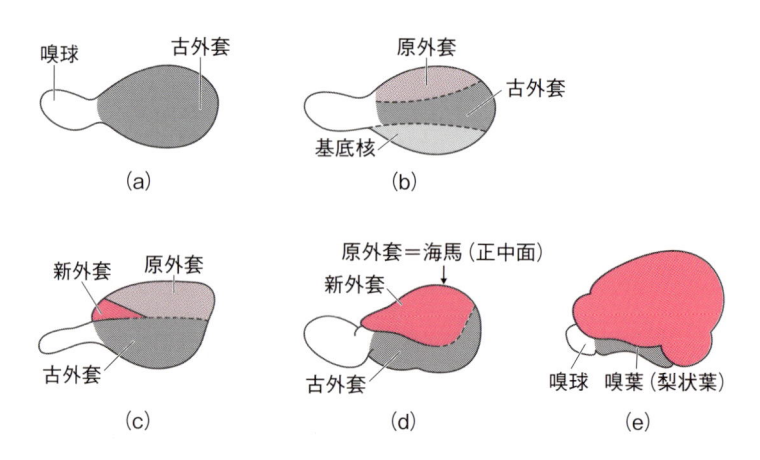

図3.17　大脳半球の進化
(a) 原始的脊椎動物，(b) 両生類，(c) 爬虫類，(d) 原始的哺乳類，(e) 高等哺乳類．

コラム 1
生物の分類

生物の分類は古い歴史をもつ．人間はいろいろな事物をその性質に応じて分類するというほとんど本能的な習性をもっているのではないかとも思われるし，もちろん実用上も分類という行為は，大変重要である．

アリストテレスは『動物誌』で，大要以下のような分類を示した（島崎三郎訳，岩波書店より，括弧内は現在の分類）．
有血動物（脊椎動物と同義）
- 人類
- 胎生四足類（哺乳類）
- 卵生四足類（主として爬虫類）
- 鳥類
- 魚類

無血動物
- 軟体類（頭足類）
- 軟殻類（甲殻類）
- 有節類（昆虫類，多足類，環形動物，扁形動物など）
- 殻皮類（貝類，ウニ，ホヤ）
- そのほか（ヒトデ，ナマコ，イソギンチャク，クラゲ，カイメンなど）

もちろんアリストテレスの分類にはまだ多くの間違いがあるが，重要なことは，彼がいわゆる自然分類に徹していることである．

その後の多くの分類体系は，基本的にアリストテレスのものを基礎としているが，なかには，自然分類ではなく，人間にとって役立つかどうか，などを基準とする人為分類も多くあった．それはそれで重要であった．

分類の科学的な基礎は，J. レー，L. P. ド・トゥルヌフォールらの先駆的な研究を経て，17 世紀の C. リンネに至ってほぼ完成された．リンネは自ら動植物の分類体系（分類表）をつくっただけでなく，分類

するための規範を定め，すべての生物を属名と種小名で表すという，きわめて効率のよい，まぎれのない方法を提案して，それは今日までずっと採用されている．

　古典的な生物の分類は，主としてその形態に基づいて行われた．分類学者は対象とする生物の形態を徹底的に調べ，比較し，形態のなかで多くの種に共通のものとそうでないものを区別し，それによって分類を行った．実は現在でも多くの新種はそのようにして記載される．

　C. ダーウィンの自然選択説による進化の説明以後，あらゆる生物をその系統の中で理解しようとする機運が生物学に高まり，分類学も系統学との関連なくしては語られなくなった．現生生物を分類するには，いわば同じ生物を同種の中に，類似の種を属の中に，というように，次第に大きくなる円のなかに当てはめればよいが，そこに系統というパラメータが加わると，生物の分類を表す図は自ずから樹状の「系統樹」になった．

　生物分類学の大転換は，1960年代にW. ヘニッヒが提唱した分岐分類学によってもたらされた．その骨子は，分類に当たっては，新たに獲得した形質（共有派生形質）をもつグループを単系統群とし，それに対立するグループを姉妹群とする，ということである．分類とはあるグループの姉妹群を見つける作業であるともいわれる．重要なことは，単系統群のうちのいくつかのグループのみを抽出してそれにある分類上のタクソン名をつけてはいけない，ということである．本文図3.6についていえば，条鰭類より上のグループは軟骨魚類の姉妹群で単系統であるから，このうちの条鰭類，シーラカンス類，肺魚類を1つのグループとして「魚類」あるいは「硬骨魚類」としてはいけない，ということである．

　分岐分類学は，分類学に大きな波紋を投げかけ，その厳密な適用には異説も唱えられた．しかし，現在ではヘニッヒの提案はおおむね受け入れられ，ほとんどの系統樹はそれにしたがって記載される．

　分類学のさらに大きな進展は，分子生物学の発展によって引き起こされた．遺伝子の科学が発達するにつれて，とくに自然選択にかから

ない中立的な変異が，生物進化の時間と生物間の距離をきわめて正確に表すということがわかってきた．あるグループと別のグループが分岐した時間は，ある遺伝子配列中の突然変異数によって計算することができる．近いグループ間の距離の計算には比較的早く変異する配列が有用であり，一方，原核生物と真核生物のように遠く離れている生物間の距離については，リボソーム RNA のように変異しにくい指標が用いられる．このような方法によって，近年，多くの生物グループの分類体系が大きく書き直されている．本文にもそれが反映されているが，詳しいことは，以下の書物が参考になる．

藤田敏彦（2010）『動物の系統分類と進化』（新・生命科学シリーズ）裳華房．
佐藤矩行ら（2004）『マクロ進化と全生物の系統分類』（シリーズ進化学 1）岩波書店．

4章 形態の進化と分子進化

　ここまで，脊索動物の形態のいくつかの側面について述べた．すべての器官や組織の形態について記述するいとまはないので，代表的なものだけである．ここにあげた例から，脊索動物という比較的まとまったグループの中でも，形態というものはかなりの変異を見せること，そしてそれは各動物群の生活や環境との相互作用によるところが大きいことを理解していただけたと思う．本章では，形態の進化が遺伝子レベルの変化とどのように関係しているかをいくつかの例をあげて説明しよう．

4.1　形態と遺伝子の進化

　形態が最終的には遺伝子によって決定されることはいうまでもない．それでは，遺伝子の情報はどのようにして形態を決定するのだろうか．すでに述べたように，生物は分子，高分子，細胞小器官，細胞，組織，器官という階層をなし，それぞれに形態を考えることができるが，タンパク質の一次構造（ひいては高次構造）を決めるのは遺伝子であるし，より上位の形態を決定する細胞の形態，成長，配列なども細胞のもつ遺伝情報に基づいている．脊索動物の形態と遺伝子の関係も，まったく同様であり，現生脊索動物の多様な形態がどのような遺伝的差異に基づくのかを明らかにするのが本章の目標である．

4.2　脊索動物の進化とファイロタイプ

　19世紀にダーウィンの『種の起原』が出版されてから，すべての生物的事象を進化の考えに基づいて見ようとする傾向が強くなった．それまで個々の生物は独立のものとして考えられていたが，それらの間には進化を通して類縁関係があることがわかったからである．これにより生物学には大きな変

4.2 脊索動物の進化とファイロタイプ

革が訪れ,「比較生物学」が隆盛となった.なかでも,比較解剖学と比較発生学は直接的に生物進化と関係する学問であった.比較解剖学からは相同や相似の概念が生まれ,動物の体部をその起原にさかのぼって考えることが重要であると見なされるようになった.また比較発生学の成果は,近縁の動物では発生の初期によく似た形態を取ることが種々の動物群について確認された.これはヘッケルの有名な標語,「個体発生は,系統発生の短縮された急速な反復である」に現れている.ヘッケルは続けて,「生物個体は,発生の急速かつ短縮された過程の間に,先祖が古生物学的進化のゆるやかな長い経過の間に,遺伝および適応の法則にしたがって経過した重要な形態変化をくり返す」と述べている.この標語は長く比較発生学の指導原理となる一方で,必ずしもこの標語に合致しない現象もあり,さまざまな論争の元となった.ただ一般に,成体の形態が著しく異なる動物群において,その発生初期の姿が似ていることは,しばしば観察される.環形動物と軟体動物の類縁関係もその幼生の姿を見れば納得できるし,ホヤと脊椎動物の関係を最初に明らかにしたコワレフスキーも,その根拠はホヤの幼生(図4.1)と脊椎動物胚の類似性からヒントを得たのであった.

しかし,たとえば両生類と鳥類ではごく初期の卵割期にはかなりの相違点が見られる.それでは両生類と鳥類はずっと異なる発生様式を示すかというと,そうではない.ある時期(後期神経胚期,あるいは咽頭胚期)には両生類,鳥類のみならず,そのほかの脊椎動物はよく似た体制,形態を示す.現在,このようにある動物群(この場合は脊椎動物)が示す共通の体制をファイロ

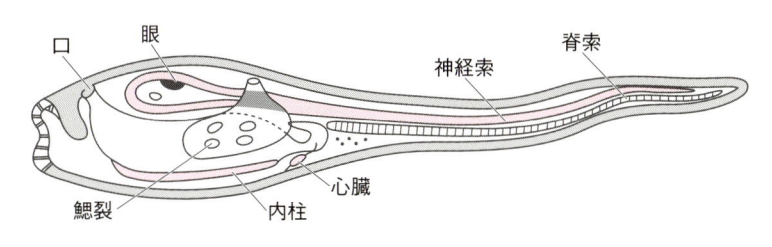

図 4.1　変態直前のホヤ幼生の模式図
脊椎動物胚同様,脊索をもっている.

タイプと呼び，その時期をファイロティピック段階という（コラム2参照）．脊椎動物の進化においては，ファイロティピック段階が定まると，もはや脊椎動物はそれ以外の発生様式をとることができず，発生学的に新たな様式が生じるとすれば，それはファイロタイプ期より以前に生じなければならない．このことによって発生の様式が進化を「拘束」するのである．

4.3　骨格系の進化と遺伝子

前章で，脊椎動物のいくつかの組織，器官の特徴を取り上げた．ここでは，どのような遺伝子のはたらきで各グループ間の差異が生じるのかについて述べてみよう．まず，骨格系である．なお，脊椎動物の器官を比較してその違いを分子的に説明しようとすると，どうしても発生過程の知識も必要となる．その詳細は7章に譲ることとするが，ときどき発生学の用語が登場することは，お許し願いたい．

骨格にしても次に述べる神経系にしても，脊椎動物では前後（頭尾）方向の変化が著しい．骨格についていえば，前方には頭蓋があり，ついで脊椎があるが，脊椎も多くの脊椎動物で前後方向に分化している．このような前後方向の位置を定めるのに重要と考えられているのは Hox 遺伝子群と呼ばれる一群の遺伝子である．実は Hox 遺伝子群は，脊椎動物のみならず，そもそも動物という生物群を特徴づけるもっとも重要な共有派生形質であると考えられている．少しその説明をしよう．もともとショウジョウバエの体節の決定と分化に関わる遺伝子群のうち，体節の性質の変化をもたらす突然変異（ホメオティック変異）の原因遺伝子が，ホメオティック遺伝子と呼ばれた．その多くは，転写因子であり，およそ180bp からなる DNA 結合領域をコードする部分を共通にもつので，これをホメオボックスと呼んだのである．その後，ホメオボックスをもつ遺伝子が多数クローニングされ，そのうちのいくつかは染色体上でクラスター（集合体）をつくっていることがわかり，この遺伝子群を Hox 遺伝子群と総称するようになった．ショウジョウバエではホメオティック遺伝子群（とくに HOM-C と呼ばれる）は1組存在するが，脊椎動物 Hox 遺伝子群は，おそらく遺伝子（染色体）重複によって4組が

4.3 骨格系の進化と遺伝子

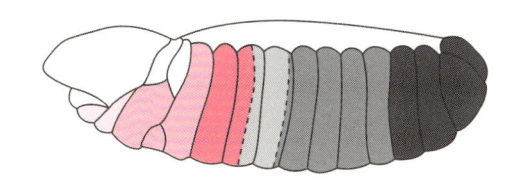

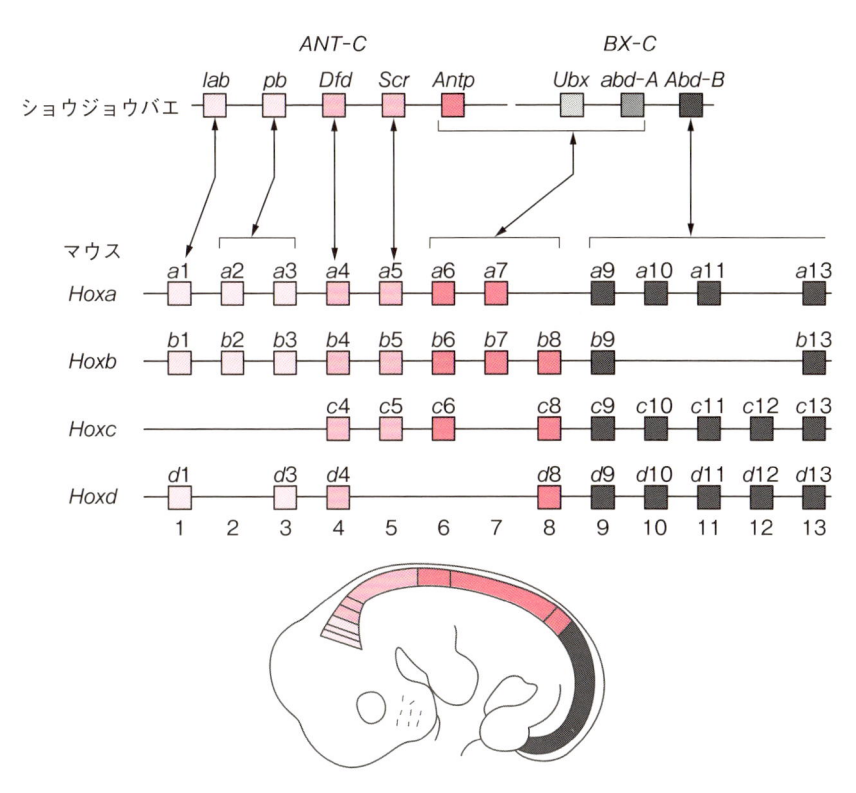

図 4.2　ショウジョウバエとマウスの Hox 遺伝子群
それぞれの遺伝子の体軸に沿った発現パターンを示す.

存在する（図 4.2）.

　Hox 遺伝子群の探索は，やがて，これが動物界には広く存在するが，動物以外の生物には見いだされないことを明らかにし，これが動物の共有派生形質ではないかと考えられるようになった．現在まで知られている限りでは，

■4章　形態の進化と分子進化

襟鞭毛虫(えり)という原生生物にはその類似の遺伝子があるので，動物はこの原生生物から進化したのではないか，という推測もある．

さて，*Hox* 遺伝子はどのようなはたらきをするだろうか．ショウジョウバエでは HOM-C の遺伝子は，染色体上の位置と，体の中で発現する位置が対応していて，前後軸に沿った体の各部位の特異化にはたらくことがわかっている．脊椎動物でも，少なくとも神経や中軸骨格に関しては，同様の現象が知られている．このような染色体上の位置と発現領域の位置が関連していることをコリニアリティ（colinearity）と呼んでいる．*Hox* 遺伝子群は前後軸に沿った領域分化を調節することで，いわば体づくりの基本設計に関わっているのである．

それでは骨格系のうち，脊椎の形態成立と *Hox* 遺伝子の関係を見てみよう．脊椎は前述のように，前後軸に沿って異なるタイプの骨が並んでいるので，*Hox* 遺伝子群の発現との対応が早くから想定されていた．たとえば，ニワトリとマウスでは椎骨の数はほとんど同じであるが，椎骨の種類ごとの数は異なっている．図 4.3 に示すように，ニワトリでは頸椎 14 個，胸椎 7 個，腰仙椎 12〜13 個，尾椎（融合している）5 個であるのに対して，マウスではそれぞれ 7，13，10，20（およそ）である．椎骨が発生してくるときの，体節における *Hox* 遺伝子の発現を見ると，頸椎領域には *Hox 5*，胸椎領域には *Hox 6* と *Hox 9*，そしてそれ以後の領域には *Hox 10* の発現が対応する．も

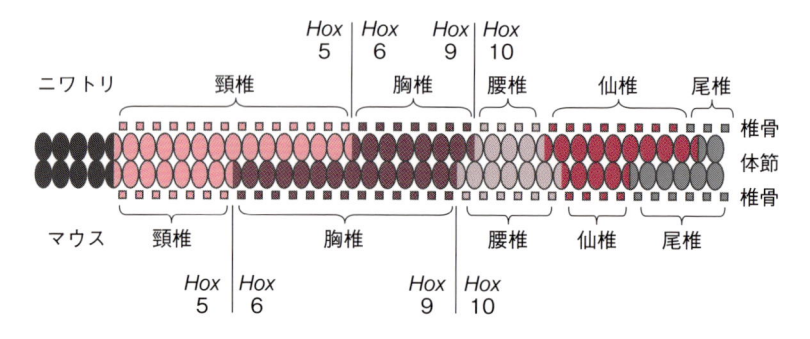

図 4.3 ニワトリ胚とマウス胚の椎骨分化における Hox 遺伝子群の発現の比較
（Gilbert, 2006 より改変）

4.3 骨格系の進化と遺伝子

う少し詳しく見ると，どちらの動物でも頸椎の最後の椎骨原基には *Hox5* のパラログ（遺伝子あるいは染色体の重複によって生じた遺伝子）が発現し，*Hox6* パラログの発現の前方は最初の胸椎原基にまで到達している．同様に，胸椎と腰椎の境界はどちらの動物でも *Hox9* と *Hox10* によって定められている．このように，Hox 遺伝子群の発現パターンは，ニワトリとマウスで異なり，それに対応して椎骨の種類も異なるのである．このように遺伝子の発現がある形態のパターンを指定するとき，それは Hox コードと呼ばれる．

　それでは本当に *Hox* 遺伝子の発現が椎骨の形態を決定するのだろうか．それはノックアウトマウスやノックインマウスを用いて研究することができる．一例をあげよう．マウスの腰椎以後の椎骨（原基）は *Hox10* を発現することを述べた．脊椎動物には *Hox10* のパラログは 6 個ある．そのすべてを遺伝子ターゲッティング法でノックアウトすると，この部分の椎骨は腰椎を形成せず，かわりに肋骨のついた胸椎に似た椎骨を形成する．同様に，*Hox11* グループの 6 個の遺伝子をすべてノックアウトすると，胸椎や腰椎は正常だが仙椎が腰椎で置き換えられてしまう．

　これらの実験から，脊椎動物の椎骨の領域固有の形態は *Hox* 遺伝子の発現パターンによって決定されること，脊椎動物の進化においても，その発生過程での *Hox* 遺伝子発現のパターンが変化することで，椎骨の数などが変化したことが推測されるのである．

　ところで，ヘビのように長い体をもつ脊椎動物では椎骨はどのようになっていて，その場合 *Hox* 遺伝子はどのように発現しているのだろうか．ヘビでは明瞭に頸椎と見なされるのは 1 個しかなく，その後方の 6 個は頸椎と胸椎の中間的な形態を示している．その後方に 100 個もの胸椎が連なっている．そしてニワトリやマウスで胸椎の領域で発現している *Hox6* は，2 番目の椎骨の原基から後方で発現しているのである．また，マウスやニワトリでは胸椎の後半では *Hoxc8* という遺伝子が発現するのであるが，ヘビでは *Hoxc8* もその発現の最前方は 2 番目の椎骨にシフトしている．こうしてヘビでは，いわゆる「首」がほとんどない，特殊な形態を獲得している．

4.4 神経系の進化と遺伝子

中枢神経系は脳と脊髄に分けられる．脳の基本は発生過程の初期に見られるように，前脳，中脳，菱脳という3つの領域である．それらを元にして脳の各部がどのように分化するかは，すでに述べた．それでは，脊索動物の中で，脳の進化を制御した遺伝子はどのようなものであっただろうか．

まず，頭索動物や尾索動物の脳はどのように形成されるだろうか．これは発生生物学の領域であるが，とくにホヤのような動物では成体の脳は著しく退化しているので，それをそのまま脊椎動物の脳と比較するわけにはいかない．ホヤの脳は神経索として生じ，幼生のときには神経管を形成し，その一部に感覚器官である眼点や平衡器をもつが，変態とともに神経管はほぼ消滅し成体ではきわめて痕跡的になってしまう．ナメクジウオでは終生神経管が存続するが，前述したとおり脊椎動物のように明瞭な脳を形成しない．ただ，先端部がやや脳胞に類似した形態を示すのみである（図4.4）．

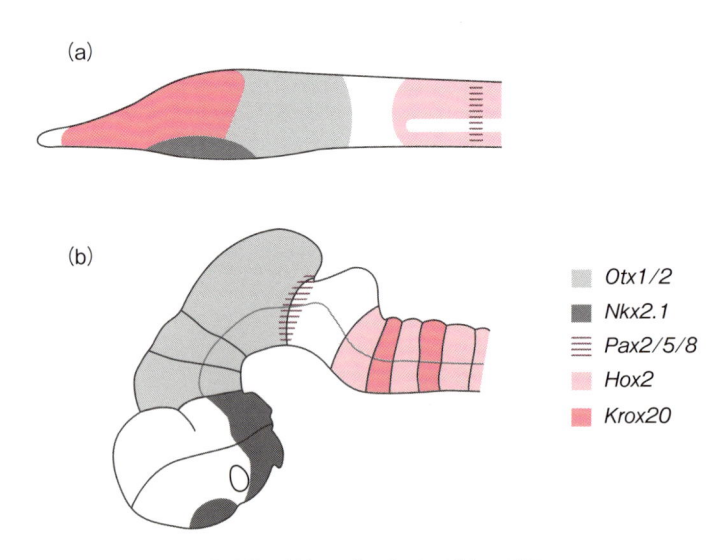

図4.4　脊索動物の神経形成における遺伝子発現
（a）ナメクジウオ，（b）マウス（倉谷，2004bより改変）．

しかし，これらの神経管の発生における遺伝子発現を観察すると，いくつかの遺伝子についてはおおまかな類似が見られる．たとえば，*Otx* という遺伝子は神経系の最前端に発現する．ただし *Otx* は脊索動物以外でもしばしば神経の前方で発現するので，この発現だけをもって脊索動物の前方神経の領域決定に関わっているということはできない．

脊椎動物の脳は，3領域に分化する以前に前方と後方に分かれるといわれている．*Otx* の発現はこのうち前方に限局される．ナメクジウオ，ホヤ，脊椎動物についてもう少し詳しく遺伝子発現を調べると，*Krox20*, *Nkx2.1*, *Hox2*, *Pax* などの遺伝子が，神経系の前方で共通に発現する．また，ヤツメウナギの幼生では哺乳類の脳と対応した遺伝子発現が見られる．このように脳の遺伝子発現の基本的パターンは，脊索動物にかなり共通であると考えられる．

4.5 四肢の進化と遺伝子

四肢は，進化発生生物学においてもっとも注目される器官の1つである．近年，四肢の形成に関わる多くの遺伝子が明らかになり，それによって形態形成機構解明のモデルともなっているからであり，さらに魚類の鰭からの進化についても多くの議論がなされているからである（7.4参照）．

先に，四肢の起原は魚類の対鰭に求めることができると述べた．それでは魚類にはいつからどのように対鰭が生じたのだろうか．この問題は未解決であるが，おそらくは祖先型の魚類の体側に存在した襞が変形し，そのうち2か所が突出した（あるいはそれ以外の場所の襞が消失した）ものが対鰭の源であろうと考えられている．それでは，最初に存在した体側の襞と，われわれの四肢には本当につながりがあるのだろうか．

これを確認するために，軟骨魚類（サメ）の発生における四肢形成関連遺伝子の発現が調べられた．後述するように，四肢の発生では前肢では *Tbx5*, 後肢では *Tbx4* という遺伝子が発現する．これらの遺伝子は前肢，後肢の特徴を決定すると考えられている．サメの幼生では，すでに *Tbx5* が前方で，*Tbx4* が後方で発現していることが認められた．またこの領域を含んで，四

■4章　形態の進化と分子進化

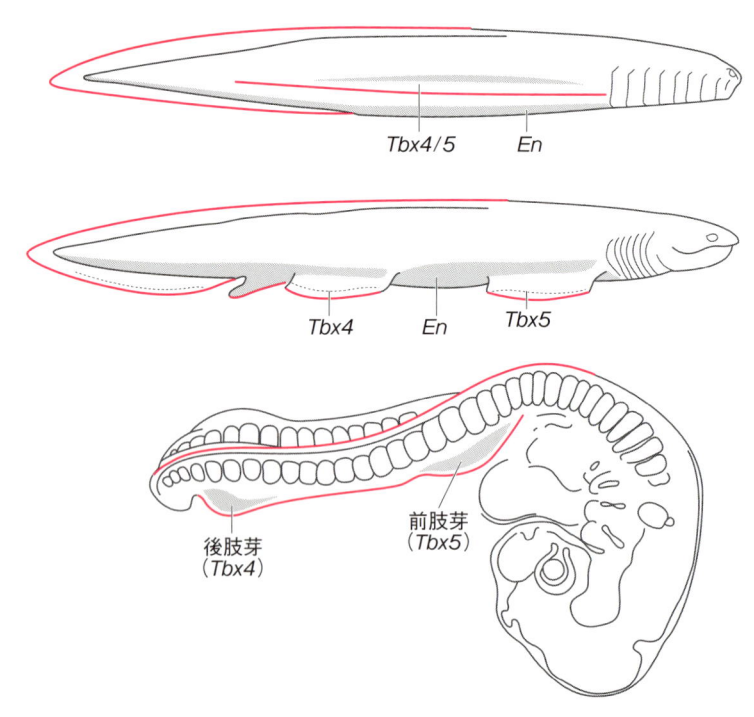

図4.5　鰭と四肢の関係の仮説
原始的脊椎動物（上）では Tbx4/5 が発現していたが，遺伝子が重複して異なる機能をもち，Tbx5 が前方で，Tbx4 が後方で発現して鰭の位置（中）と四足動物（下）の前肢，後肢の位置を決定するようになったと考えられる．En は Engrailed で，この遺伝子の発現は鰭や四肢の形成に重要である．赤い線は，原始的脊椎動物に存在した一続きの襞（倉谷，2004bより改変）．

肢の形成される領域に発現する Engrailed という遺伝子も発現している．一方，四肢の形成で，とくに前後方向の軸を決定するのに重要な遺伝子であるソニックヘッジホッグ（Sonic hedgehog, Shh）（5.4.6参照）の発現は認められない．この結果は，体側襞では Engrailed と Tbx4/5 が広く発現していて，やがて Tbx5 と Tbx4 の発現領域が分離することで，将来前肢と後肢を生じる領域が決定されたことを示唆している（図4.5）．

四肢の形成には繊維芽細胞成長因子（FGF）の遺伝子が重要であることもよく知られている．とくにマウスの FGF-10 の遺伝子をノックアウトすると，

四肢が完全に欠損した胎児を生じる．このことは，四肢形成の可能性をもつ領域にFGF-10が作用して実際に四肢の構造をつくらせるのだと解釈されている．実際，体側の，本来四肢を生じない領域にFGFを作用させると，余分な肢が形成されるのである．さらに，ある種のFGFを背中の正中線で発現させると，そこに突起が生じ，それは四肢の原基に類似した遺伝子発現を示すことも明らかになっている．これらのことを総合して，体側襞説によって四肢の起原を説明するのがもっとも妥当であるとされている．

この鰭の中に骨要素として，われわれの前肢でいえば上腕骨と橈骨・尺骨に相当する骨をもつ魚類がいる．これも前述のように，自脚部分は陸上脊椎動物の進化に伴って新たに獲得された形質であると考えられている．それにはおそらく肢の基部ー先端軸を決定する要素である，肢原基の外胚葉性頂堤（AER）が重要な役割を果たしていただろう．この外胚葉は，その内側にある間充織細胞の細胞分裂（増殖）を促して肢原基を伸張させる役割をもっている．AERのはたらきは肢原基がある程度成長すればそこで停止するのであるが，進化の過程でそのはたらきが延長されれば，肢の成長はもう少し長く続き，それによって自脚より基部側の要素である柱脚（上腕骨や大腿骨）と軛脚（橈骨，尺骨，腓骨，脛骨）のより先端側に，新しい要素が加わる可能性が生じる．それが自脚である．しかし，自脚のような複雑な構造がまったく新たに獲得されることはなかなか考えにくいことであり，前述のように，これはすでに存在した軛脚の要素が折れ曲がって生じたという仮説もある．それを支持する証拠として，魚類では*Hox 11*と*Hox 13*という遺伝子が鰭原基の腹側で基部ー先端軸に平行に発現するのに対して，マウスではその発現が肢原基の先端部で「折れ曲がっている」という事実がある．

コラム 2
ファイロタイプ

　本文にファイロタイプという用語がある．これは割合最近に提唱された語で，新しい概念を含んでいる．

　本文にもあるように，脊椎動物という比較的よくまとまったグループの中においてさえ，その初期発生の様相と，成体の形態はかなり異なっている．両生類のように全割（受精卵が卵割の時に完全に分裂すること）するものもあれば，鳥類のように大きな受精卵のごく一部で細胞分裂が進行するもの（盤割という）もある．そしてそれぞれは生体になっても，少なくとも外見からはそれほど似ていない．

　ところが，ヘッケル以来の発生学者は，脊椎動物の初期胚はよく類似している，と主張して，それが脊椎動物が1つのグループをなすこと，ひいては共通の祖先をもつことの証拠として取り上げられてきた．実は，この「よく類似している」時期は，脊椎動物の発生では「尾芽胚」と呼ばれる時期なのである．もっとも，すべての脊椎動物胚が尾芽をもつわけではなく，これは両生類に特徴的である．そこでより一般的な名称として「咽頭胚期」という呼び名もある．この時期，脊椎動物胚は咽頭領域に魚類の鰓に相当する鰓孔をもつからである（7.8.2参照）．このように，ある分類群の体制がよく似ている時期をファイロティピック段階（phylotypic stage）といい，このときの体制をファイロタイプ（phylotype）という．phyloは「系統」を意味する．ある系統に特徴的な段階，あるいはその体制，ということである．

　脊椎動物以外にも，昆虫類，甲殻類，軟体動物，棘皮動物など，いろいろな系統でファイロタイプが見いだされている．

　ファイロティピック段階の存在は，何を意味するだろうか．同じ分類群（たとえば脊椎動物）でも，初期発生の様式は生殖の仕方や環境との関係によって多様である．脊椎動物の場合は，それらの要因によって，受精卵に含まれる卵黄の量が著しく変化し，それによって卵割の様式が変わる．もちろん，哺乳類のように胎盤によって母体と連結

して発生する哺乳類では初期発生の様式も変わっていることが容易に理解されるであろう．ファイロティピック段階は，発生中の胚が，環境からの影響をもっとも受けにくい時期と考えることができる．多くの場合，まだ自力で餌をとることはなく，蓄えた栄養分（卵黄など）で生育しているからである．そしてそれゆえに，まさにこの時期には共通祖先の形態がもっともよく保存されているのである（図上）．

ファイロティピック段階は，もともと形態によってその存在が推定されてきた．しかし，遺伝子発現のパターンからも，この段階の重要性が示されるようになった．図（下）には，脊椎動物のファイロティピック段階におけるいくつかの遺伝子発現を示している．頭部（とくに神経系）における *otx, pax6, emx* などの転写因子の発現，からだの前後軸に沿った *Hox* 遺伝子群の発現，内胚葉における *Gsx, Xlox, cdx* などの発現は，多くの脊椎動物胚で共通に見られるのである．さらにNKクラスター遺伝子（脊椎動物では *Nkx* など）も，心臓領域など内臓板中胚葉で共通に発現する．さらに，これらの遺伝子（あるいはそのホモログ）の発現は，脊椎動物のみならず，昆虫のファイロティピック段階でも（完全に同じではないが）見られるのである．

つまり，ファイロティピック段階は，動物という大きな分類群の発生において，特別な段階である．ファイロティピック段階以後，成体に至る発生は，必然的にファイロティピック段階の形態（および遺伝子発現パターン）によって規定される．このことを「発生による拘束（制限）」と呼ぶ．

■ 4章　形態の進化と分子進化

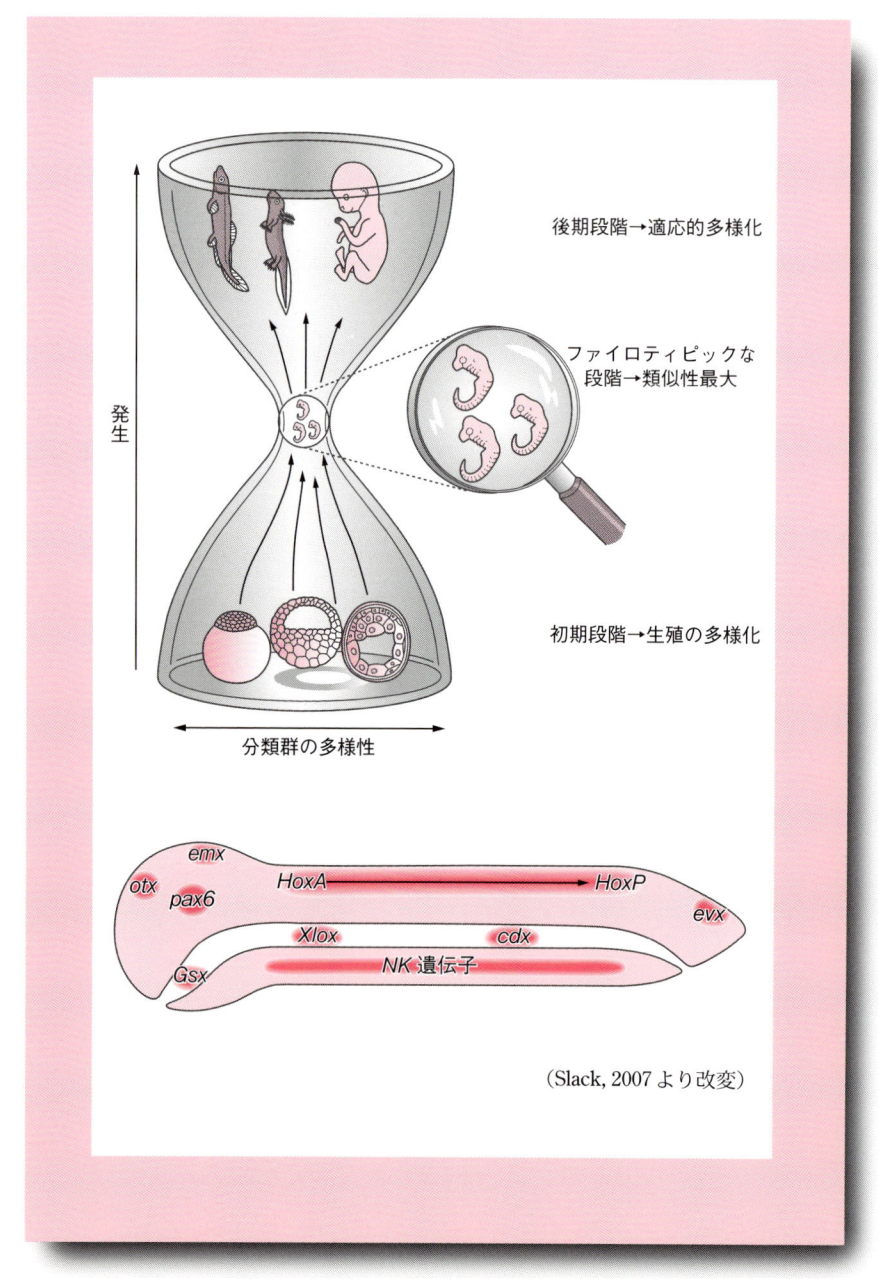

後期段階→適応的多様化

ファイロティピックな
段階→類似性最大

発生

初期段階→生殖の多様化

分類群の多様性

emx
otx　*pax6*　*HoxA* ────────→ *HoxP*　*evx*
　　　　　　　Xlox　　　*cdx*
Gsx　　　　NK 遺伝子

（Slack, 2007 より改変）

3 編

形態はどのように形成されるか

　2編では，主として脊索動物の進化と形態の変化に着目して，その具体的な例をあげ，またそれをもたらす遺伝子の変化についても述べた．3編では，個体発生における形態の構築が議論される．1個の受精卵から成体の複雑な形態が生じる過程を，それをもたらすいろいろな遺伝子のはたらきに注目しつつ，細胞間，組織間の相互作用という，多細胞生物の発生ではきわめて重要な現象についての最近の知見も紹介したい．

5章 器官形成の原理

　ここからは，体を構成する器官などがどのようにして構築されるか，主として形態に注目して述べることになる．まずは，器官の形態を決めている種々の要素について考えてみよう．すでに述べたように，器官の形態はそれを構成する細胞の形態と密接に関係するので，細胞の形態を制御するいろいろな因子の知識も必要である．また，器官形成には，細胞や組織の相互作用がきわめて重要なので，そこに関わるさまざまな因子のことも知っておかなければならない．そして，それらの因子のはたらきによって細胞がどのように分化するのかも，この章の内容の1つである．

5.1　個体発生

　器官は個体発生の間に形成される．個体発生は，大昔から多くの人々の関心を集めてきた．なにより，ほとんど構造も見えない小さな構造物（卵）から，複雑な体制をもった成体ができてくるのであるから，これは魔法といってもいいほど，驚くべきことである．すでにアリストテレスは『動物発生論』を著し，生殖と発生に関する膨大な事実について，自らの哲学に基づいて解釈を試みている．

　中世においても，たとえばファブリキウスは，ニワトリの発生について驚くほど正確な観察を行っている．もちろんこのような哲学者，医学者でなくても，われわれは発生現象をいつも身近に見ているのであり，なによりもわれわれ自身が母親の胎内で何か小さなものから生まれてくるということを知っているのである．

　動物の発生については古くから，前成説と後成説という2つの意見が対立していた．前成説は，精子あるいは卵のなかに，成体のもとになるミニチュアの体が存在し，発生の過程で次第にそれが大きく完成されてくる，とする

考え方である．一方，後成説では，精子や卵にはそのようなあらかじめ用意された構造はなく，発生の間に次第に複雑な構造が形成されると考える．この論争は17世紀から18世紀にかけて長く続き，最初は前成説が有力であった．無構造のものから複雑な構造ができてくるということに多くの人が納得できなかったからである．精子や卵の中に潜んでいる小さな人間を，あたかも見てきたかのように描いた人もいたし，卵の中には何世代ものミニチュアが含まれていると考え，イブの卵にどれほどの世代が含まれているかを計算した人もいた．精子のなかにミニチュアがいると考えた学者は精子論者，卵の中にこそ存在すると考えた学者は卵子論者と呼ばれた．ある種の動物で，単為発生（雄の関与なしに発生が進行すること）という現象が見つかって，卵子論者が勝利を収めた．

前成説と後成説の論争は顕微鏡の発達に伴っていっそう激しさを加えたが，やがて発生中の胚を観察することで，後成説が優勢となり，少なくとも発生学者の間ではミニチュアの存在を信じるものはいなくなった．多くの学者が，無秩序に見える受精卵から，次第に器官の原基が形成され，それも最初は単純であるが次第に複雑な構造ができることを観察した．これによって，最終的に後成説が勝利を収めることになった．

それでは一見無構造の，しかもきわめて小さい受精卵から，どのようにして成体が生じるのだろうか．多くの動物では，受精卵は活発に細胞分裂（卵割という）して，細胞の数を増やし，やがて細胞は種々の異なる細胞になり（細胞分化），それらの細胞は移動し，変形して器官原基を形成する．細胞はさらに原基の中で増殖して分化し，最終的に機能的な器官を形づくるのである．これは，書いてしまえば簡単なことであるが，そこに驚くほど複雑なメカニズムが作用していることは明らかであろう．ここでは，器官の形態形成ではたらいているメカニズムについて解説することにしよう．

5.2 発生過程とエピジェネシス

上で述べた後成説は，英語ではepigenesis（エピジェネシス）という．genesisは何かが創造される，あるいは生み出されることであり，epiは「後で」

という接頭語である．発生の過程ではあたかも無から有が生じるように見えるので，この用語が用いられた．その後，発生過程を「細胞分化」の過程としてとらえる見方が支配的になった．つまり，受精卵はその後すべての体の細胞に分化する「全能性」をもっていて，そこから生じる多数の細胞は可能な発生能力（発生運命）のどれか1つを選択するようになる，ということである．このしくみが体の中の何百種類ともいわれる多様な細胞を生じ，それらが集合して異なる組織・器官を形成する基本である．

現在では，細胞分化は「選択的遺伝子発現」によって説明される．受精卵に存在するすべての遺伝子は，わずかな例外を除いてすべての体細胞にも伝わっている．このことは，体細胞核を用いたクローン動物の作出や，体細胞からのiPS細胞の作製によって証明されている．種々の細胞が存在するのは，たとえばヒトでは3万ほどといわれる遺伝子のうち，ある細胞では特定の遺伝子セットが発現し，ほかの細胞では別のセットが発現するからである．もちろん細胞が生存するために必要な遺伝子群（ハウスキーピング遺伝子群）はどの細胞でも発現するが，それぞれの細胞種に固有に発現する遺伝子群が，細胞の特性を決定する．発生の過程で，どの細胞がどの遺伝子を発現するようになるか，どの遺伝子の発現を停止するか，という決定が「選択的遺伝子発現」ということである．エピジェネシスという用語は，このような遺伝子レベルでの後成的な変化をさすことが多い．器官の形態形成という複雑なプロセスも，最終的には遺伝子発現のエピジェネシス的変化によるので，そのメカニズムを知ることは，器官形成の理解に必要不可欠である．

5.3 遺伝子発現と細胞環境

ある遺伝子の発現は一般に転写因子によって制御されている．1つの遺伝子発現にどれほどの転写因子が関与するかは依然として明確ではないが，数十から100ほどの因子が関与するであろう．また転写因子として，いわゆるプロモーター領域に結合して転写を直接的に制御するものと，ある細胞特異的な発現をコントロールするエンハンサー領域に結合するものとが区別される．選択的遺伝子発現に重要なのは後者である．

5.3 遺伝子発現と細胞環境

　転写因子はほとんどがタンパク質であるから，その転写にも転写制御がかかっている．このようにしてある遺伝子がある細胞で転写されるには，何段階もの転写の連鎖が存在する．それでは最終的にある遺伝子がある細胞で発現するのを決定するのはどのような要因であろうか．これも細胞の種類と遺伝子によって様々であるが，多くの場合それは細胞を取り巻く環境の因子によると考えられている．環境をもう少し具体的にいうと，その細胞の周囲にある別の細胞と，細胞を浸している組織液，そして細胞の周囲に存在する細胞外基質（マトリックス）である．細胞はこれらの周囲の組織から種々のシグナルを受け取り，それによって自らが置かれた状況を察知して，それに応じて特定の遺伝子の発現を開始する（図5.1）．

　細胞はこれらの環境からのシグナルを受け取るのに受容体を利用する．近接する細胞からの情報は細胞接着因子（分子）が受容体としてはたらく．組織液中のホルモン，成長因子，サイトカインなどの液性因子に対しては，それぞれ特異的な受容体が存在する．多くのホルモン，成長因子は細胞膜を自由に通過できないので，受容体は細胞膜上にあり，これらの因子が結合するとその情報を細胞内に伝え，最終的には核における遺伝子発現を調節する．

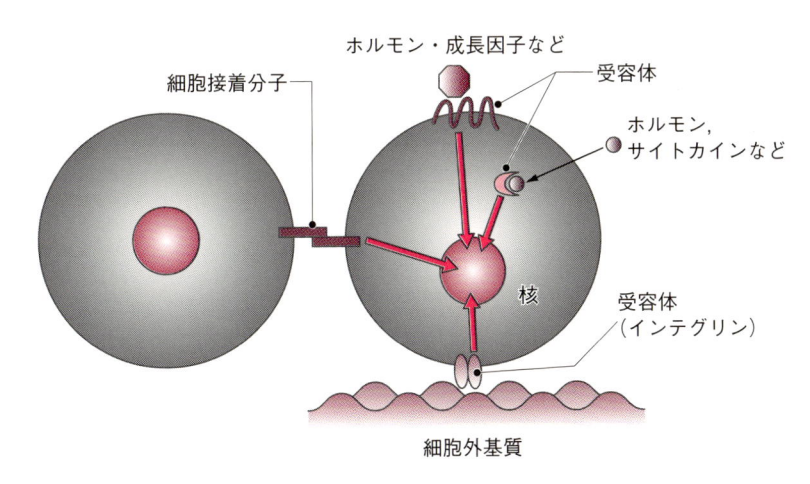

図5.1　細胞の遺伝子発現に影響を与える外部環境の模式図

一方，脂質性のホルモンやサイトカインは膜を通過できるので，直接細胞内に入り，そこに存在する受容体と結合し，核内に移行して転写制御に関わる．最後に，細胞外基質に存在するコラーゲンなどの糖タンパク質は，細胞膜のインテグリンなどの受容体と結合して，やはり核内に情報を伝えるのである．

近年，幹細胞の研究が活発になり，幹細胞の維持と分化の制御にはやはり環境要因が重要であることが主張されて，幹細胞の環境をとくにニッチと呼ぶようになった．本来ニッチという用語は生態学の用語であり，ある生物を取り巻く環境の総体を表す．しかし幹細胞以外のすべての細胞もやはりその環境，ニッチによって遺伝子発現，ひいては細胞分化が規定されることを理解しなければならない．

一方，細胞分化がすべて環境によって支配されているかというと，そうでない場合もある．古くからある種の動物では，とくに初期発生において，細胞が自律的に分化することが知られている．たとえば，ホヤの初期胚の割球を分離すると，それぞれの割球は本来の発生運命にしたがって自律的に分化する．これはそれぞれの割球に運命決定因子が分配されていて，細胞の遺伝子発現がその因子によって決定されるからだとされている．また，すでに分化を完了した細胞では，機能を遂行するために必要な遺伝子以外の遺伝子はときにはいろいろな機構で転写されないように「不活性化」されている．これにはたとえばDNAのメチル化やDNAを包むヒストンのメチル化，アセチル化などいくつかの機構がある．このような変化は遺伝子が後成的に変化を受けるので，epigenetics（エピジェネティクス）と呼ばれる．エピジェネシスとエピジェネティクスはよく似ているが，意味するところや語の由来は異なっている．

しかしこのように，自律的に分化したり，特定の機能のみを遂行したりする細胞も，環境からのはたらきかけにまったく反応しないわけではない．そのよい例は，前述のように分化した体細胞からクローン動物が作出されることで，この場合，細胞は適切な条件下で培養されることでその核が「初期化」され，全能性を回復するといわれる．培養という環境条件が細胞の分化状態を変更するのである．

5.4 成長因子と受容体

前節で述べた環境要因のなかで，とくに重要でありこれからの記述にも多く登場する成長因子についてここでまとめておきたい．成長因子についてはほかにも多くの解説書があるので，あまり詳細には立ち入らないことにする．

5.4.1 成長因子とは何か

成長因子は，ある細胞から分泌されて，近傍の細胞の成長を制御する因子，というのが簡単な定義である．もちろんこれは曖昧な定義であるし，正確ともいえない．しかし，厳密な定義は難しいので，とりあえずこうしておこう．「近傍」と「成長」についてはもう少し解説が必要である．多くの成長因子は，分泌される細胞からそれほど遠くまで拡散することはないと考えられている．それと呼応して，成長因子の分泌および作用については，以下の様式が分類される．

傍分泌シグナル：分泌された因子が近隣の細胞の受容体に受容されて影響を与える様式．

隣接分泌シグナル：隣の細胞に直接因子を渡して影響を与える様式．細胞同士が接している必要がある．

自己分泌シグナル：分泌した因子がもとの細胞に受容されてその遺伝子発現に影響を与える様式．

それでは成長因子ははるかに離れた細胞に影響を与えることはないか，というとそれは否定できない．ただ一般に，ある細胞から分泌されて循環系によって遠くまで運搬されて作用を表す因子はホルモン（内分泌シグナル）が多く，成長因子についてはほとんど例が見られない．

成長因子が標的細胞の「成長」のみに影響を与えるかどうかは，因子と細胞の種類によって様々である．多くの場合，因子は細胞の増殖を通じて，あるいは独立に細胞の分化にも影響を与えることが知られている．「成長因子」という名称の多くは，その作用が最初に示されたときに与えられたために，そのように呼ばれているのであって，これらの因子の作用は決して成長・増殖の制御だけではない．以下，いくつかの成長因子とその受容体，および因

■ 5章　器官形成の原理

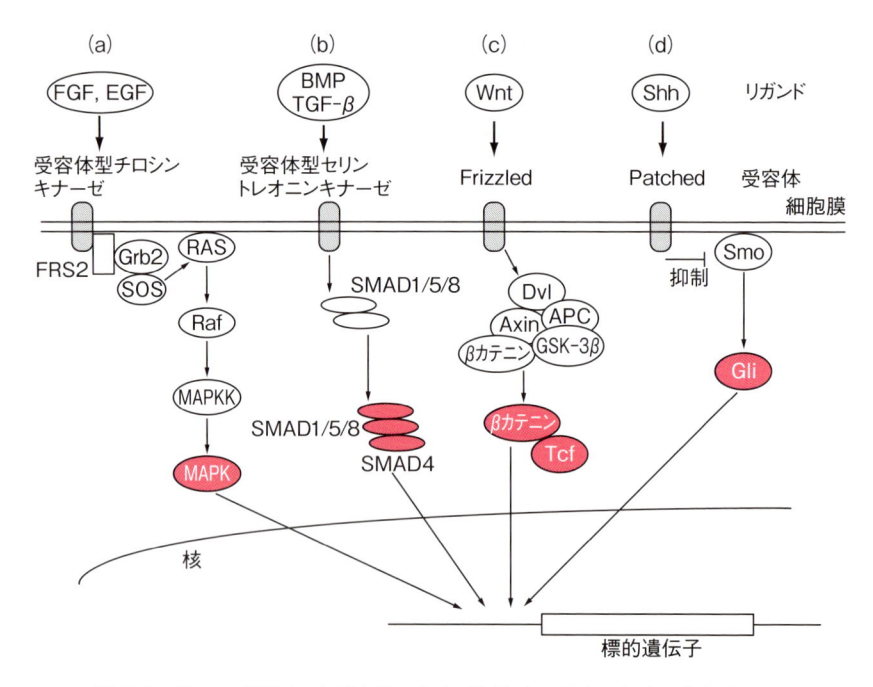

図 5.2　種々の成長因子と受容体，および細胞内シグナル伝達のまとめ
分子の性状などは無視して，きわめて単純化してある．赤は，核内に移行して転写制御にはたらく因子．(a) 〜 (d) の説明は本文参照．

子が受容体に結合した後に，そのシグナルがどのように細胞内に伝えられるかについて簡単に解説することにする（図 5.2）．なお，多くの成長因子遺伝子はファミリーを形成しており，なかには数十の遺伝子からなるファミリーもある．個々の遺伝子産物は同じファミリー内のものでも異なり，ときには相反する作用を示すことがある．ここではその詳細に立ち入る余裕はないので，ごく主要なもののみについて記述する．なお，受容体に結合する因子をリガンドと総称する．

5.4.2　繊維芽細胞成長因子

繊維芽細胞は，結合組織にもっとも多く存在する細胞で，コラーゲン繊維を合成分泌するのでこの名称がある．繊維芽細胞成長因子（FGF）はもともとこの細胞の増殖を促す因子として発見された．現在では FGF 遺伝子は脊

椎動物で少なくとも 22 種類発見されており，いくつかのグループに分類されている．受容体は FGF 受容体（FGFR）で，チロシンキナーゼ型で，受容体に FGF が結合して活性化されると，受容体自体のチロシン残基がリン酸化され，それがきっかけとなって次々と細胞内のタンパク質がリン酸化されていく．主として 3 つの経路があり，第一はホスホリパーゼ C の活性化からジアシルグリセロール，イノシトロール -3-リン酸を介して細胞骨格の配置に関与する経路，第二は，ホスファチジルイノシトール -3-キナーゼから AKT を経る経路で，これは主として細胞のアポトーシスを抑制すると考えられている．第三（図 5.2a）は，細胞膜の近傍に存在する FRS2，Ras などの因子を介して MAPK という重要なシグナル伝達因子を活性化する．この経路は FGF の種々の作用を遺伝子発現につなげている．FGF は多くの器官形成の中心的な成長因子として重要視されている．

5.4.3 骨形成タンパク質

骨成分の中で，筋肉細胞を骨細胞に分化させる因子として見いだされたのでこの名称が与えられた．BMP と略される．BMP は，形質転換成長因子（TGF）β という大きなグループ（スーパーファミリー）の一員であり，現在までに少なくとも 30 種類の遺伝子がクローニングされている．その作用は多面的であり，発生のごく初期から器官形成に至るまで，種々の局面ではたらいている．受容体も多様であるが，いずれもヘテロ二量体を形成するという共通の特徴をもっている．その下流には SMAD と呼ばれる一群の因子があって，そのうちのいくつかは転写因子として核に移行して数百に及ぶ遺伝子の発現を調節する（図 5.2b）．TGF-β スーパーファミリーに含まれるそのほかの因子として TGF-β，アクチビン，ノーダル，Vg1 などがある．

5.4.4 表皮（上皮）成長因子

表皮は皮膚の外側の細胞層で，上皮組織の一種である．表皮成長因子（EGF）は表皮細胞の増殖を促す因子として見いだされたのでこの名称があるが，近年上皮成長因子と呼ぶことも多い．このグループには EGF と TGF-α が含まれる．受容体は erbB というがん（原）遺伝子である．この受容体に変異が起こると，リガンドの存在なしに受容体が活性化された状態になり，細胞は

ひたすら増殖してがんを形成するのである．erbB の下流には Ras, MAPK などのシグナル伝達経路がある．

5.4.5 Wnt

ウイントあるいはウントと発音される，一群の因子である．ショウジョウバエの遺伝子である *Wingless* と脊椎動物の遺伝子である *int* の両方の構造をもつので，この名称がある．近年，細胞の運命決定，増殖，がん化などと関連して注目を集める遺伝子群である．ヒトでは Wnt の遺伝子は少なくとも 19 種類が知られている．受容体は Frizzled または LRP と呼ばれ，それぞれについていくつかのタイプが知られている．したがって Wnt と受容体の組合せだけでも膨大であり，さらに受容体からのシグナル伝達経路は少なくとも 3 種類が知られている．このように Wnt の作用はきわめて多様である．Wnt のシグナル伝達経路の 1 つには β カテニンが関与することがわかっている（図 5.2c）．このタンパク質はカドヘリンなどを介する細胞接着にも関与しているので，Wnt の作用は細胞同士の接着の状態によっても制御されるし，逆に Wnt のシグナル伝達経路が作動することによって細胞接着の様式が変化することもある．

5.4.6　ヘッジホッグ

ヘッジホッグ（hh）はもともとショウジョウバエの幼虫の形態が，ヤマアラシが体を丸めたようになる突然変異の原因遺伝子として同定された．脊椎動物ではそのホモログが 3 種類知られ，それぞれインディアンヘッジホッグ Ihh，デザートヘッジホッグ Dhh，ソニックヘッジホッグ Shh と名づけられた．もっとも研究が進んでいるのは Shh で，これはゲームのキャラクターにちなんで命名されたのであるが，まさに発生においてもスーパースターといっていいほど，多様で多面的なはたらきをする．Shh は分泌タンパク質であるが，その分子内の分割によっては膜に係留されたまま活性を表すこともあり，この場合には隣接分泌シグナルとして作用する．受容体はパッチト Ptc であり，この膜貫通タンパク質はリガンドの非存在下では膜タンパク質である Smo の活性を抑制している．Ptc に Shh が結合するとその抑制が解除され，Smo からのシグナルが活性化されて，最終的に Gli という転写因子

が活性化されて核に移行する(図5.2d). Gliは, 種々の遺伝子発現を制御して, 細胞の増殖と分化に影響を与える.

5.4.7 ノッチ‐デルタ系

これは隣接細胞が相互にシグナルを交換するもので, ノッチもデルタも膜貫通型のタンパク質である. したがってこのシステムは上述の成長因子と受容体によるシグナル伝達経路とは異なるが, 便宜上ここで扱うことにする. ノッチは隣接の細胞にリガンドとしてデルタ（あるいはジャグドまたはセレート）が存在すると, リガンドと結合して二量体を形成し, それがきっかけとなって細胞内ドメイン（NICD）が切断され, NICDは核に移行して種々の遺伝子発現にコアクチベーターとして関与する. ノッチ‐デルタ系は, ほとんど均一な細胞集団のなかにデルタを発現する細胞が出現すると, その細胞が周囲の細胞のノッチを活性化することで, 異なる遺伝子発現パターンを示す細胞集団を誘導できる, という特徴がある.

5.4.8 その他

これから述べる形態形成に関与する成長因子は, いうまでもなく, このほかにもほとんど無数といっていいほど多くある. 神経系の形成には神経成長因子（NGF, 成長因子で最初に報告された）, 脳由来神経栄養因子（BDNF）, ニューロトロフィンなどが重要であるし, インスリン様成長因子（IGF）のファミリーも多くの器官形成に関わっている. また, 成長因子と区別の難しいサイトカインという大きなグループも存在して, 血球系の分化などにはサイトカインが深く関与している. サイトカインは, 生体内をかなり長距離にわたって移動して, 遠方の細胞に影響を与えることができる点で, 多くの成長因子とは異なる.

5.5 組織間相互作用

器官は多くの場合, 複数の組織から成り立つことを述べた. 各組織に含まれる細胞は, 少なくとも発生の早い段階ではほぼ同じような振る舞いをして, 同じように分化する. たとえば, 将来, 腸になる領域の上皮細胞はすべて*Cdx*という遺伝子を発現する. 腸をつくるほかの組織, たとえば将来, 結合

組織や平滑筋になる間充織は *Cdx* を発現しない．したがってこの遺伝子の発現は，腸上皮細胞の特異的なマーカー遺伝子ということができる．しかし，腸上皮細胞はやがて，種々の機能的に異なる細胞へと分化するので，そうなるとまたそれぞれが特異的な遺伝子発現パターンを示すことになる．一方，間充織も，最初はほとんど領域的な差が見られないが，次第に結合組織と筋肉層へと分化する．最終的には上皮側から，粘膜固有層，粘膜筋板，粘膜下層，輪走筋，縦走筋という層構造を形成するようになる．

　このように，上皮組織と間充織がそれぞれに分化し，それによって腸としての機能を正しく果たせるようになるのだが，それには上皮と間充織の間に複雑な相互作用があることが知られている．このような作用を組織間相互作用，あるいは上皮間充織相互作用という．この相互作用は，器官形成原理としてもっとも重要なものである．

　相互作用はまた，誘導現象とも呼ばれる．ある組織の発生運命に対して，ほかの組織が影響を与えるからである．「誘導」は発生生物学では基本的な概念である．20世紀の初めにシュペーマンが両生類のオーガナイザーを「発見」してから，誘導という概念は発生生物学のあらゆる分野で指導原理となってきた．かつて筆者は，「20世紀の発生生物学はシュペーマンというお釈迦様の手の中にいる孫悟空のようなものだ」と極言したことがあった．発生生物学が発展すればするほどシュペーマンの偉大さが明らかになったのである．シュペーマンが「誘導」と呼んだ現象は，物理学における電磁誘導と同じ考えである．すなわち，コイルを磁場の中で動かすと，それまで存在しなかった電流が発生することを誘導と呼んだのである．しかし，現在の発生生物学では，たとえばオーガナイザーによる二次胚の形成も，まったく新しい形質が生じるのではなく，細胞が取り得るいくつかの運命のうちの1つを選択させているのだということを明らかにしている．その意味では，誘導よりは相互作用という用語の方がふさわしいかもしれないが，この用語はどちらも用いられている．

　組織間相互作用や誘導については「教示的誘導（相互作用）」と「許容的誘導（相互作用）」が区別されてきた．前者は，組織Aが組織Bの作用によっ

て本来分化すべき運命を変更する場合であり，後者は組織 A の本来の発生運命が組織 B の作用があって初めて達成される場合である．この区別は相互作用の本質を表すものとして重要視されてきたが，これも近年は必ずしも明瞭に区別できるものではないことが明らかにされている．

5.6　形態形成と細胞の移動や運動

　形態が形成されるには，細胞集団が変形したり移動したりしなければならない．それは細胞が全体として行う運動であったり，個々の細胞の運動であったりする．運動は器官ごとに異なるがそれを類型化して示そう（図 5.3）．

　エピボリー：日本語では覆い被せという．細胞のシートが増殖し，平らになって広がりながらある構造を包んでいくことである．魚類（ゼブラフィッシュなど）では胚の細胞がエピボリーによって卵黄を包んでいく．卵黄のどれほどが覆われたかによって，発生段階が決定される．

　挿入：2 層（あるいはそれ以上）からなる細胞層が，一方の層から細胞がもう 1 つの中に入り，最終的には 1 層になることである．たとえば，羊膜類の胚膜のいくつか（尿嚢と漿膜など）はもともと別の細胞層であるが，細胞が互いに挿入することできわめて薄い 1 層の細胞層を形成する．

　収束伸張：ある広がりをもつ細胞層が，全体として幅が細くなり伸張するときの運動である．隣り合う列の細胞が互いに入れ子になるように移動し，それによって細胞層の幅が狭くなり，長さが増加する．両生類の神経胚が生じるときに体全体が細長くなるのは，この運動様式によるところが大きい．

　陥入：腺ができるときのもっとも基本的な形態形成運動である．細胞層の一部がへこんで，ある場合には浅い洗面器のような構造を，ある場合にはきわめて深いワインボトルのような構造を形成する．陥入には，最初から瓶の口ができている場合と，最初は細胞が密に詰まったまま陥入して，のちに新たに口と腺が開く場合とがある．

　巻き込み：細胞層が布団をたたむように折れ曲がってポケットをつくる運動である．もっとも重要な例は，両生類の原口から細胞層が卵割腔（胞胚腔）に入っていくときの運動である．

■ 5章　器官形成の原理

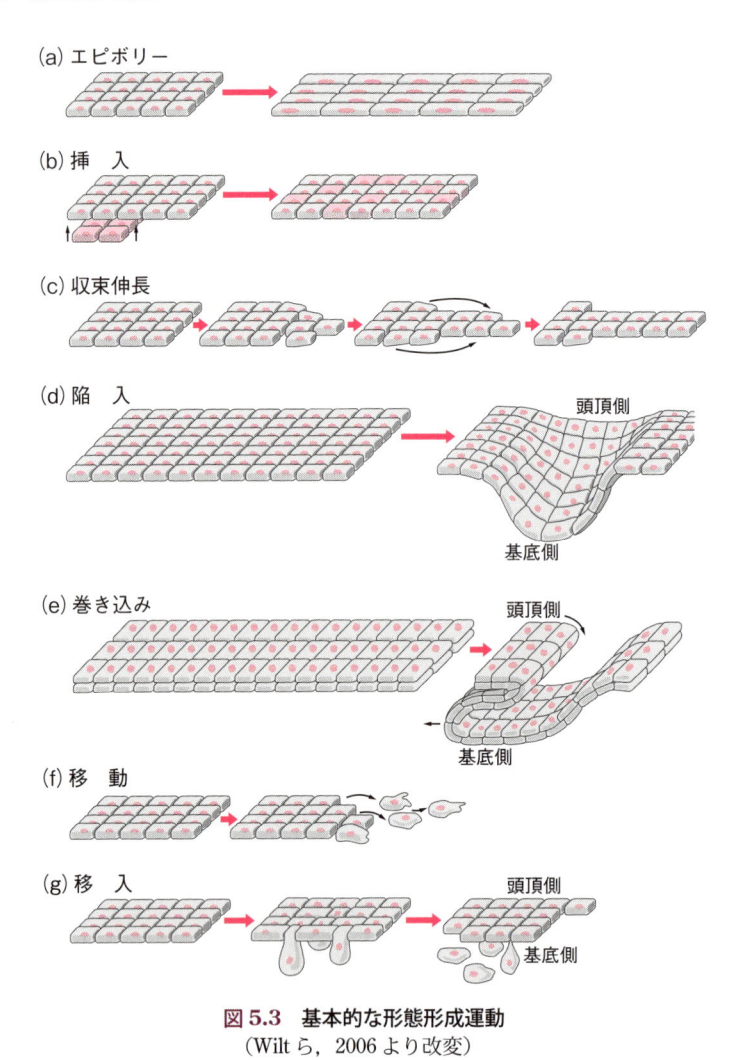

(a) エピボリー

(b) 挿　入

(c) 収束伸長

(d) 陥　入

(e) 巻き込み

(f) 移　動

(g) 移　入

図 5.3　基本的な形態形成運動
(Wilt ら，2006 より改変)

　移動と移入：一般的な意味の移動と区別しなければならないが，細胞層から細胞が脱出して行くことである．とくに上皮組織から多くの細胞が移動して間充織細胞に変化することは，上皮間充織転移と呼ばれ，神経冠細胞が外胚葉から離脱する場合など，いくつかの例がある．このとき，上皮組織の基

底側にある基底膜を越えて移動する場合にはとくに移入の語を用いる．

　これらの運動形態は，常に細胞の運動，変形，相互の位置関係の変化，そして増殖を伴う．つまり形態形成運動の基礎はこの4種類の現象である．このうち増殖についてはすでに述べた．

5.7　細胞の運動

　多くの細胞は適切な基質（足場）が与えられると活発に運動する．これはとくに細胞培養のように，単細胞に解離した場合に顕著である．生体内でも，神経軸索が標的細胞に向けて伸張するとき，生殖腺の外で生じた生殖細胞が生殖腺まで移動するとき，神経冠細胞が特定の体部に移動するときなど多くの例がある．これらの場合，細胞はその大きさからいうと想像を絶するような長距離を移動あるいは伸張する．細胞はどのように運動（移動）するのだろうか．

　細胞の運動には，足場と細胞内の骨格系や運動系が必要である．細胞が足場に付着できないと細胞はもちろん運動できない．培養液中に浮遊する細胞は一定の方向に「泳いで」いくことはできない．

　細胞運動の段階としては，移動方向への細胞膜の突出，基質への接着，アクチンフィラメント（Fアクチン）を介する力の発生，細胞の牽引，を区別することができる．細胞はまず進行する方向の前面に，ラメリポディアと呼ばれる葉状の突起，またはフィロポディアと呼ばれる指状の突起を出す．これらの突起の中では，アクチンフィラメントのプラス端（Gアクチンが結合する側）でアクチンの重合（ポリメリゼーション）が進行し，細胞膜を前方に押す（図5.4）．その一方でアクチンは細胞の後方に向かって引き戻されるので，重合が引き戻しより速いときに細胞は前方に進み，釣り合いが取れていると細胞は定常状態にある．ラメリポディアはその中に枝分かれしたアクチンフィラメントを含み，繊維と細胞膜とはフォーミンと呼ばれるタンパク質の仲介で結合する．フォーミンはアクチン結合サイトを2か所もっているので，1本の繊維が重合のために膜から離れても別の繊維と膜を結合させておかれる．このようなフォーミンの活性と枝分かれしたアクチンフィラメン

■ 5章 器官形成の原理

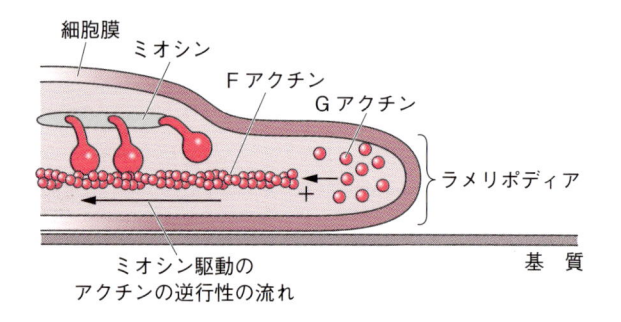

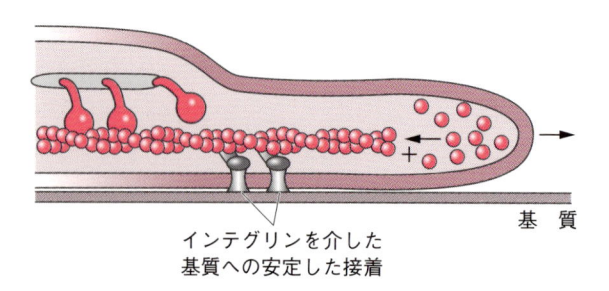

図 5.4 細胞の移動とアクチンの重合
アクチンは球状のGアクチンが重合して繊維状のアクチン（Fアクチン）になる．細胞内ではFアクチンはミオシンのはたらきで細胞中心部へ引き戻されるが，それとFアクチンの端（プラス端）での重合が釣り合うと細胞は移動しない（上）．重合が逆行性の動きに勝り，また細胞がインテグリンなどによって基質と接着すると，細胞は移動する（下）（Goodman, 2009 より改変）．

トの配向によって，ラメリポディアは前方に進行する．

　一方，フィロポディアはその細長い形と平行に並んだアクチンフィラメントによって形成される．アクチンフィラメントはファシンと呼ばれるタンパク質によって束ねられ，太い繊維を形成する．

　ラメリポディアは，インテグリンという膜貫通型の受容体によって細胞外基質（コラーゲンやラミニン）と結合し，インテグリンはその細胞内ドメインで，タリン，ビンクリンなどのタンパク質を介してアクチンと結合する．これによって細胞は前進するための強固な足場を得ることになる．

アクチンの重合と脱重合の阻害剤が知られている．サイトカラシンはアクチンフィラメントのプラス端に結合して重合を阻害する．細胞をサイトカラシンで処理すると細胞の運動性，微小管依存性の細胞小器官の移動，ラメリポディアやフィロポディア形成などが抑制される．一方，ファロイジンというアルカロイドは微小管を安定化させ，脱重合を抑止する．この薬品も細胞運動を阻害するので，アクチンの重合も脱重合も細胞運動に必須であることが示唆される．

5.8 細胞の形態と細胞接着，細胞骨格

細胞は状況によって著しくその形態を変化させる．細胞の形態を決定する要因は種々あるが，なかでも重要なのは基質や隣接細胞との接着と細胞骨格である．これらは細胞運動とも当然密接に関係しているが，ここでは細胞の形態との関係で見ていくことにしよう．

5.8.1 細胞接着

細胞接着についてはすでに少し述べた．細胞外物質，とくにコラーゲンやラミニンとの接着にはインテグリンという膜貫通型の受容体が関わる．その情報がアクチンを通して細胞内に伝えられることも記した．細胞と細胞の接着は，カドヘリンという有名な接着分子による．カドヘリンはこれまでに約80種類が知られている大きなファミリーで，多くは同種親和性相互作用を示す．つまり同種のカドヘリンが隣り合う細胞に存在するときに，それらのカドヘリンが結合して二量体を形成し，細胞を接着させる．カドヘリンは1回膜貫通型のタンパク質で，細胞外ドメインによく保存された接着に関わる領域をもち，細胞内ドメインはいくつかのタンパク質（p120，β カテニン，α カテニン，ビンキュリンなど）を介してアクチンフィラメントと結合している．

上皮細胞はその性質上，互いによく接着している（図 5.5）．外部からの微生物や有毒物質の侵入を防ぎ，体液などの漏出を防止するためである．多くの上皮細胞で頂端側に，接着の複合体（結合複合体）が形成される．密着結合（タイトジャンクション），接着結合（アドヘレンスジャンクション），デ

■ 5章　器官形成の原理

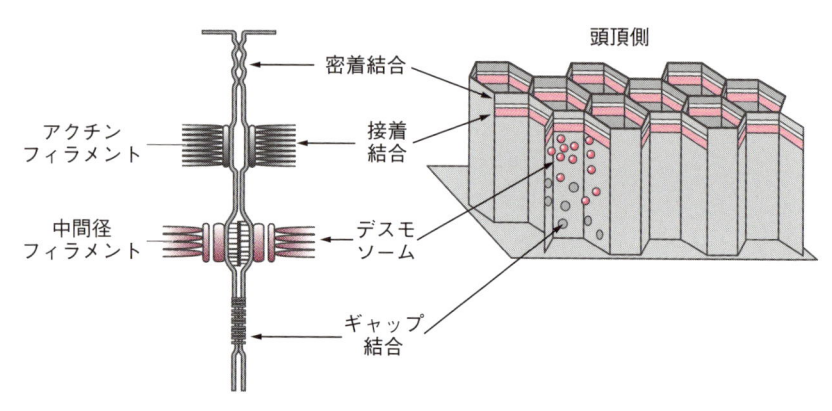

図5.5　上皮細胞の結合複合体（ジャンクショナルコンプレックス）
（Goodman, 2009 より改変）

スモソームである．密着結合はきわめて緊密に細胞を接着し，イオンを含む分子の通過を制御する．また細胞膜における分子（脂質や膜タンパク質）の拡散も妨げるので，密着結合より頂端側と基底側では細胞膜の組成が異なり，それぞれ固有の機能を果たすことができる（腸上皮細胞における吸収機能とグルコースの輸送などがその例）．密着結合の形成には，オクルディンやクローディンというタンパク質が関わっている．密着結合は，物理的にはかなり脆弱であるので，そのすぐ近くに接着結合とデスモソームが存在して接着を強化している．

細胞にはそのほかにギャップ結合という接着装置が存在する．これまでに述べた密着結合，接着結合，デスモソームでは，細胞膜は，近接してはいても，その間を直接に物質が通過することはない．ギャップ結合では，コネキシンというタンパク質がチャネル（コネクソン）を形成し，両側の細胞のギャップ結合が相対し，そこを通してイオンや1000Da以下の小分子を通過させる．

5.8.2　細胞骨格

細胞骨格は細胞の形態や運動にとって重要である．細胞骨格は，アクチンフィラメント，中間径フィラメント，そして微小管からなる．これらの繊維性タンパク質は，多くの介在タンパク質を介して細胞膜や細胞小器官に結合

し，細胞の形態を維持，調節し，また細胞運動や細胞内の小器官の移動を担っている．

　アクチンは筋肉に多量に存在し，筋収縮に関わるタンパク質として単離，精製された．しかしその後の研究は，アクチンが真核細胞のほとんどすべてに多量に存在することが示され，また非筋細胞に固有のアクチンもあることがわかってきた．哺乳類は6種類のアクチン遺伝子をもち，そのうち2つは非筋細胞で発現する．アクチン分子は相同性が高く，酵母のアクチンのアミノ酸配列は90%が哺乳類のそれと同じである．このことは，アクチンが細胞にとってきわめて重要なタンパク質であることを物語っている．アクチンは375個のアミノ酸からなる球状アクチン（Gアクチン）という分子が，同じ方向に重合して繊維状の構造（繊維状アクチン，Fアクチン）をとる（図5.4参照）．Fアクチンは両端が異なる構造と機能をもつ．プラス端（反矢じり端）ではマイナス端（矢じり端）より数倍重合が速いので，見かけ上，繊維はプラス端に向かって伸張している．これが前述の細胞運動や細胞の突起形成には大きな意味をもっている．

　アクチンは，単一の繊維として存在するだけではなく，繊維が同方向にいくつかの分子によって架橋されて束をつくったり，あるいはいろいろな方向性をもって架橋されてネットワークを形成したりしている．これが細胞のラメリポディア形成の基礎となっている．また，アクチンが細胞の形態を制御するためには，アクチンが細胞膜などと結合しないと力を発揮できない．アクチンは前述のようにカドヘリンやインテグリンと間接的に結合するが，より直接的には細胞膜直下のスペクトリンなどのタンパク質を介して細胞膜に結合する．アクチンと膜のこのような相互作用が，ラメリポディア，フィロポディアなどの構造の形成にはたらくとともに，細胞表面に見られる微絨毛などの重要な構造の形成にも関わっているのである．

　中間径フィラメントは，アクチンフィラメント（約7nm）と後述の微小管（約25nm）の中間の太さをもつのでこの名称が与えられた．中間径フィラメントはもっぱら細胞の構造の維持にはたらいていて，運動にはあまり関与しないと考えられている．多くの種類があり，細胞（組織）ごとに固有の

中間径フィラメントが存在するので，その同定に用いられることがある．たとえば，上皮細胞には酸性，中性あるいは塩基性のケラチンフィラメントが多く，繊維芽細胞にはビメンチン，筋細胞にはデスミン，そして神経細胞にはニューロフィラメントなどがある．これらの繊維は，二量体を形成し，二量体が少しずつずれながら四量体をつくり，その端がつながってプロトフィラメントができる．プロトフィラメントがロープのように巻きついて中間径フィラメントとなる．

完成した中間径フィラメントでは，アクチンフィラメントなどのように活発な分子の入れ替えは起こらず，比較的安定な状態にある．細胞内では核の周辺に集積して核を一定の位置に保っているように見えるし，そこから細胞質，細胞膜に向かって伸びている像が見られる．アクチンや微小管とも結合することが知られていて，中間径フィラメントはまさに細胞の骨格として細胞の形を維持し，細胞小器官などの位置を安定化するのに役立っている．逆にいうと，細胞が変形するときには中間径フィラメントの配向に大きな変化が起こることが予想される．

微小管はチューブリンという球状タンパク質が単位である(図5.6)．チューブリンには α と β があり，それらが二量体を形成し，二量体が同じ向きに結合してプロトフィラメントとなり，プロトフィラメントが少しずつずれながら集合して中空の管，すなわち微小管をつくる．一方，チューブリンは重合するだけではなく脱重合もする．したがって，アクチンと同様に，細胞内

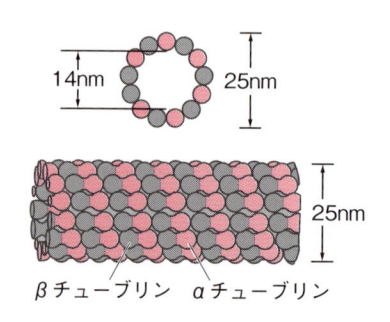

図 5.6　微小管の構造

ではダイナミックに変化している．微小管の重合阻害剤としてコルセミドやコルヒチンといった薬剤が知られていて，細胞に作用させると分裂を阻害する．ビンクリスチンやビンクラスチンも同様の作用をもち，とくに分裂頻度の高い細胞に対して強い作用を示すので，抗がん剤として用いられる．

微小管は動物細胞では主として中心体から伸びている．中心体は中心小体とその周囲の物質からなる微小管形成のセンターであり，中心体に微小管のマイナス端が結合する．中心体は実は微小管から形成されていて，微小管が3本集まったトリプレット微小管が9本集まって管状構造をしている．しかもその管状構造が2本，垂直に配列している．微小管は当然細胞の形態維持に関わり，また細胞分裂のようにダイナミックな変形に際しては微小管からなる紡錘糸が染色体を新しくできる細胞に分割する力を発揮する．さらに，神経軸索などにおける細胞小器官の輸送において，いわばレールとしての役割を果たしている．物質輸送にはキネシン，ダイニンなどのタンパク質が関わり，これらのタンパク質が膜小胞や小器官を結合したまま微小管の上を滑ることで，中心体から周辺へ，あるいは周辺から細胞の中心へと物質を運ぶ．

動物細胞の鞭毛や繊毛では，微小管のダブレット（2本組）が，周辺では9組がダイニンなどによって結合された特徴的な構造を形成し，中心部には2本の微小管が存在する，いわゆる9＋2の構造をもっている．鞭毛や繊毛は細胞の重要な運動器官である．

また微小管は，前述のように細胞分裂の時に，紡錘糸として，染色体を牽引するという重要な役割をもっている．細胞分裂は当然形態形成の1つの要因であり，したがって微小管は形態形成とは直接の関係をもっている．ここでは詳細には立ち入らない．

以上，形態形成時の細胞の移動，運動，変形に関わる様々な細胞因子について述べた．これから記述する個々の器官における形態形成の根底には，これらの因子のダイナミックな変化があることを考えてほしい．

6章　初期発生における形態形成

　動物の発生を「初期」と「後期」にきちんと分けることは難しい．すべてのプロセスは連続していて，ある現象は必ずそれ以前の現象の影響を受けるからである．しかし，脊索動物では，原腸および神経形成までを初期発生，それ以後を後期発生と考えることができるであろう．初期発生では，受精卵から始まって，からだのおよその形ができ上がり，後期発生ではその中に各器官，臓器ができてくる．6章では，初期発生における形態形成の様子と，それに関わる遺伝子のはたらきについて述べることにする．

6.1　受精から原腸形成までの形態形成

6.1.1　前成説と後成説

　発生現象は，古くはアリストテレスによって記述され，それ以来長い間人々の関心を集めてきた．一見単純に見えるカエルやニワトリの卵から，オタマジャクシやヒヨコが生まれ，なにより人間の母親の胎内で（外からは見えないが）何か小さいものから赤子が生まれることの不思議さ，神秘性が人々の興味をかき立てた．もちろん多くの人々はそれを当たり前のこととして受容したが，この現象をなんとか説明しようとする学者も大勢いた．

　5章で述べたように，18世紀には，前成説と後成説とが対立した．前成説は，現在では荒唐無稽な説であるとされ，種々揶揄されたりするが，無構造の卵から複雑な構造が生じることは当時としてはとても信じられなかったのである．後成説は，主として顕微鏡の観察にその基盤をおいていた（もちろん前成説もそうであるが）．次第に性能のよい顕微鏡が開発されても，卵の中には特別な構造が見えなかったのである．最終的には，ヴォルフやパンダーなどによるニワトリ胚の発生の詳細な観察が，後成説に軍配をあげることになった．

しかし現在のわれわれは，卵のなかには実に複雑な構造があることを知っている．卵はいわば1つの宇宙といってもいいほどである．しかもそれは，その後の発生において第一義的に重要であって，発生過程の多くの局面は卵細胞という初期状態に依存するのである．卵の中には成体のミニチュアはないが，これは新しい形の前成説である．個体の形成が受精卵に存在するゲノム遺伝子によって規定されていることも疑いのないところである．これはあたかも前成説の復活を思わせるかもしれない．

ところが，話はそう簡単ではない．卵の構造やゲノムがその後の発生をすべて決定しているかというと，そうではない．もし卵の構造が重要であるとすれば，それが1回分裂した2細胞期に，細胞を分離したらそれぞれの細胞は異なる発生をするはずである（あるいはまったく発生しない）．実際には，動物によってはそれぞれの細胞からほぼ完全な個体が生じる．これはいわば後成説的な発生である．現在の言葉では，「調節」という現象である．また，発生の過程でゲノムは（多くの場合）不変であるが，ゲノムには多くの修飾がなされて，それが細胞分化に重要であるという知見が集積されている．前述（5.3参照）のように，このようにゲノムが変化することを発生過程と結びつけて研究することをエピジェネティクスという．この語の意味するところは，発生というのは卵に存在する初期状態から出発し，多くの過程は初期状態と卵のゲノムによって規定されながら，胚の内部の調節性によって後成的な性質ももっているということである．これらのことから，現在の発生の見方は，前成説的後成説と呼ぶことができる．

6.1.2 受精と卵割

さて，多くの動物の発生は受精に始まる．受精の詳細についてはここで述べないが，受精時に起こる卵内の変化はその後のプロセスに重要である．受精卵に起こるもっとも大きな「形態的」変化は，いうまでもなく受精卵の分裂（卵割）である．卵割は，通常の細胞分裂とほぼ同様の過程を経るが，分裂と分裂の間隔が短く，しばしばG_1期（普通の細胞がその機能を遂行する時期）を欠いている．細胞分裂には前述の細胞骨格系が不可欠で，とくに染色体を牽引する紡錘糸の本体である微小管や，細胞質がくびれるときの細胞

■ 6章　初期発生における形態形成

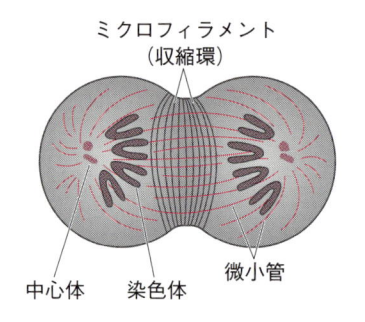

図 6.1　受精卵の分裂（卵割）における微小管の配置
（Gilbert, 2006 より改変）

　表層に存在するアクチンフィラメント（ミクロフィラメント）は，ダイナミックな変化を見せる（図 6.1）．もちろんこれらの分子は「勝手に」あるいは「自発的に」その配置を変えて収縮作用を示すのではなく，受精によって引き起こされた複雑な細胞内シグナル伝達経路の結果このような振る舞いを示すのである．このことからも卵の構造やシグナル伝達経路の重要性が理解されるであろう．

　その後しばらくは卵割が急速に進行する以外目立った形態変化はない．初期発生では卵内に蓄えた養分のみでエネルギーや必要な物質を調達しているので，分裂に伴って個々の細胞は小さくなり，また細胞同士の接着面積が小さくなって，多くの動物で胚の中心部に腔所が生じる．

6.1.3　原腸形成

　このまま卵割が進行しても，細胞が小さくなるばかりで，胚全体の形は変わらず，われわれが知っている動物の形はできない．ある時期（多くの動物で胞胚と呼ばれる時期）以後，胚では分裂の速度が低下し，大規模な細胞の移動や変形が起こって，いわゆる「原腸形成」という，発生過程の中でももっとも劇的な変化が起こる．このときの細胞の移動・変形は「形態形成運動」と呼ばれる．両生類を例にとって形態形成運動を見てみよう．

　両生類胚は，動物半球と植物半球の細胞における卵黄の含有量が異なり，植物極に近いものほど多く含む．このため卵割速度が動物半球の方が速く，

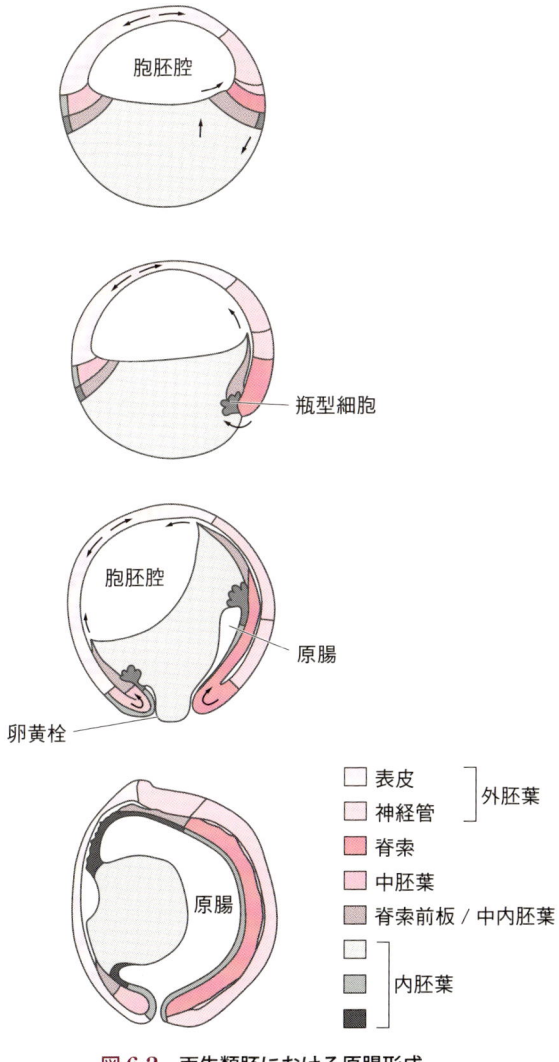

図 6.2　両生類胚における原腸形成

細胞も小さくなる．またこれにより，胞胚腔は動物極によって形成される．原腸形成は，まず動物極の細胞群が植物極の細胞群を包むように広がる（エピボリー）ことから開始する（図 6.2）．エピボリーがどのようにして起こる

のかはわからない．エピボリーは将来の背側（精子進入点の反対側）でより活発であり，腹側では遅れて起こる．エピボリーがある程度進行すると，背側の動物極の細胞群は反転して胚の内部に進入する．これは巻き込み運動である．巻き込み運動の先頭には瓶型細胞と呼ばれる特別な形態と運動性をもった細胞があって，巻き込み運動を先導している．巻き込み運動は，新たな腔所の形成を伴う．これが原腸である．巻き込み運動が進行するにつれて原腸は胚内部の大きなスペースを占めるようになり，胞胚腔はきわめて狭くなり，やがて消失する．胚の内部に進入した細胞層は，やがて中胚葉と内胚葉に分化し，一方，外側に残った細胞層は外胚葉となる．エピボリーは腹側でも遅れて進行し，ここからも同様に巻き込みが起こるが，それはきわめて小規模である．

　このような運動に伴って，胚の形や外観も変化する．もっとも顕著なのは，頭尾方向に伸張することと，動物極における神経板の形成である．これは胚を背側から観察するともっともわかりやすい．胚の伸張には胚各部の細胞増殖の頻度の差異や，細胞の変形が関与するが，なかでも収束伸張と呼ばれる背側細胞の運動が重要である．背側では，左右からの細胞が中心線にむかって収束し，さらに前後方向に伸張するので，胚全体としても前後方向に伸張する．このように原腸形成とそれに続く神経板の形成は，先に述べた細胞の移動，変形の様式を総動員しているということができる．

6.2　神経管の形成

　神経管の形成は初期発生におけるもう1つの重要なできごとで，発生における形態形成のエッセンスが濃縮されているといっても言い過ぎではない．ここでは主としてカエル胚とニワトリ胚についてその様子を見ていくことにしよう．

　カエル胚では，原腸陥入した中胚葉のうち背側中心線の細胞が脊索となり，外側の外胚葉に影響を及ぼして神経板を誘導する．ニワトリ胚では，ヘンゼン結節から陥入した中胚葉細胞が結節の前方に棒状の細胞塊を形成して頭突起すなわち脊索をつくる．するとその影響を受けて，背側の外胚葉が神経板

を形成する．どちらも，やがて左右の神経板が背側に巻き上がって背側中心線で融合し，管となる．管の形成は，その後の器官形成でもしばしば起こるが，それは多かれ少なかれ神経管の形成と類似した機構による．

神経板は，外胚葉細胞がそれまでの扁平状から柱状に変化したものである．このような細胞の変形には当然細胞骨格系が関わっている．しかし，現在のところ，扁平上皮細胞から柱状上皮細胞への転換の機構は明らかではない．神経板はすぐに前後方向に伸張する．前述のようにここでは収束伸張が重要な役割を果たし，また，神経板の中における細胞分裂が前後方向に起こることも知られている．

神経板はすぐに前方から管を形成し始める（図 6.3）．そのしくみは以下のとおりである．まず神経板が，ヒンジ（ちょうつがい）となる部分を形成する．鳥類や哺乳類では神経板の中央部の細胞が下の脊索と接着し，ここがいわば屈曲のための力の支点となる．脊索からの影響によってこの部分の上皮細胞は背が低くなり，それによって上皮全体は V 字型になる．ついで，神経板が表皮と接する領域にもう 1 つ（左右 1 対）の側方ヒンジ領域が形成され，ここでも細胞の背が低くなることで，V 字の上の部分が中側に折れ曲がる．こうして左右の神経板が正中線上で出会って，管が形成されるのである．

神経板が巻き上がっていくと，最初は浅い溝が，後に深い溝ができるが，これを神経溝という．また土手の部分を神経褶という．神経褶が背側で融合することによって管が生じるが，そのためにはその先端部の細胞が接着し，かつ表皮と神経管のそれぞれが独立しなければならない．細胞の接着に細胞接着分子が関与することを先に述べたが，この接着ではカドヘリン分子種の変換が観察される．もともと外胚葉では E- カドヘリンが発現しているが，神経板が生じるとそこでは神経のカドヘリンである N- カドヘリンが発現するのである．神経褶が閉じようとするときには E- カドヘリンを発現している表皮同士，N- カドヘリンを発現している神経褶同士が接着して表皮と神経管の分離が起こる．

神経管がきちんと閉じないと様々な奇形を生じる．ヒトでも二分脊椎症は比較的頻度の高い奇形であるし，より重篤な，前脳が閉鎖せずに羊水と接

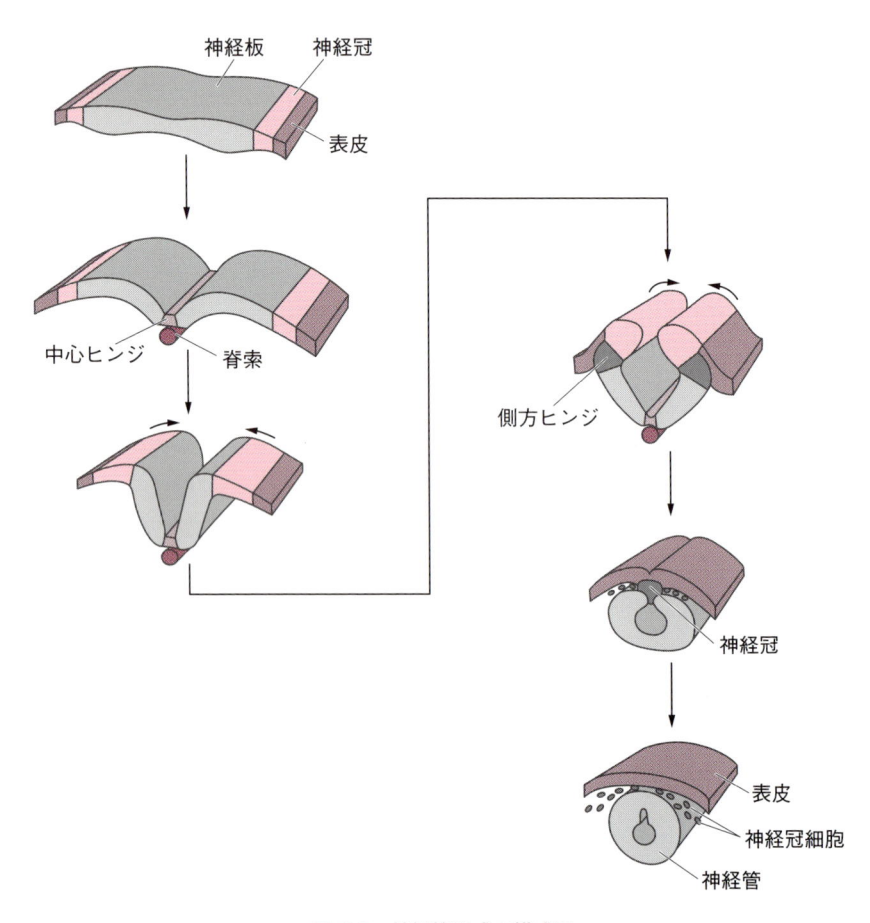

図 6.3　神経管形成の模式図

して退化してしまう無脳症などがある．神経管閉鎖に関わる遺伝子として，*Pax3*，ソニックヘッジホッグ，オープンブレインなどが知られている．また妊娠中の葉酸（ビタミン B_{12}）の不足から形成不全が起こることが統計的に明らかになっている．葉酸の作用に関してはまだ完全には明らかでないが，マウスでは葉酸を受容するタンパク質が神経管閉鎖の直前に発現することがわかっている．ヒトでも，閉鎖不全の胎児の母にはこの受容体に対する抗体が存在することが多いといわれている．

6.3　神経ネットワークの形成

　神経は中枢神経と末梢神経に分けられる．簡単に言うと，中枢神経系は神経管に由来する脳と脊髄に属する神経系であり，末梢神経系はそれ以外ということができるが，一部軸索が両者にまたがって走行することもあり，必ずしも厳密な定義とはいえない．また，末梢神経系はその起原がさまざまで，あるものは体表の表皮などに生じる神経プラコード（上皮が肥厚したもの）に，あるものは神経冠に由来する．

　いずれにしても神経系の構築における最大のトピックスは，ニューロン（神経細胞）がいかに正しい標的細胞を認識してシナプスを形成するか，ということである（図 6.4）．これは必ずしも器官や個体の形態そのものと関係することではないが，形態形成に関する種々の要因はニューロンの行動においてもはたらいている．

　ニューロンが正しい標的細胞に軸索を伸ばすもっとも単純な方法は，標的からある種の化学物質が放出されて，軸索はそれを感じて濃度の高い方へ伸張する，ということである．このような例はいくつの場合について知られている．たとえば，脊髄の交連ニューロンは脊髄底板を越えて反対側の細胞に投射するが，底板の細胞はネトリンという物質を放出して交連ニューロンの軸索を自らの方に誘引する．なお軸索は底板をすぎると，底板からの反発物質によってそこから離れるように伸張する．この反発物質（忌避物質）はそ

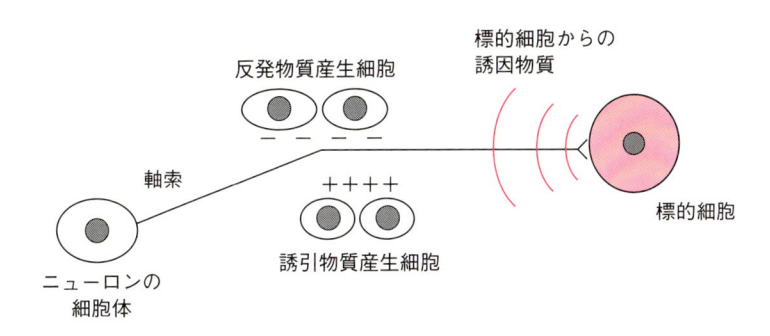

図 6.4　軸索伸張の分子ガイダンス

■ 6章　初期発生における形態形成

のほかにも知られていて，セマフォリンは軸索に存在するニューロピリンという受容体と結合して，軸索の伸張を阻害し，その走行方向を決定する．エフリンとその受容体 Eph も同様の作用をもっている．

さらに，ニューロン軸索が正しい標的細胞に結合すると，標的細胞からは神経成長因子（NGF）が放出されて軸索の成長が促進され，シナプスの結合もしっかりする．これらの機構が全体として神経系における複雑なネットワークの基盤を形成している．

6.4　脳の領域化

脳は神経管の前方の膨らみとして生じる．最初，前脳胞，中脳胞，菱脳胞という3つの脳胞ができることを前述した．菱脳胞はすぐに後脳と髄脳に分化する．中脳と後脳の境界部は峡部と呼ばれ，中脳と後脳の分化に重要な領域であることが示されてきた．たとえば孵卵 36 時間のニワトリ胚の後脳（小脳に分化する）を前方の間脳や中脳に移植すると，本来の発生運命にしたがって小脳に分化する．一方，中脳（視蓋に分化する）を前脳や後脳のやや後方に移植すると，やはり視蓋に分化する．ところが前脳の一部を中脳の峡部の近くに移植したり，髄脳を小脳領域に移植したりすると，発生運命を変更してそれぞれ視蓋，小脳に分化する．このような実験から，峡部はその前後の領域をそれぞれ視蓋，小脳に分化させる一種のオーガナイザーとして作用することが示唆された．それを証明する1つの実験として，峡部そのものを前脳に移植したところ，移植片の周囲に視蓋が分化したのである．

この発見は脳の領域決定において峡部が重要な役割を果たすことを示すのであるが，それでは峡部からの誘導作用を担う因子はどのようなものであろうか．最初に候補にあがったのは FGF であった（図 6.5）．とりわけ FGF8 は峡部で発現し，FGF8 を染みこませた小さいスポンジを前脳に移植すると中脳のマーカー遺伝子が前方でも発現することが示されるなど，峡部オーガナイザーの活性をもつ物質であることが示唆された．ついで，峡部オーガナイザーが成立する分子機構も明らかになった．これには視蓋領域で発現する Otx2 と小脳領域で発現する Gbx2 という転写因子が関わる．これらの転

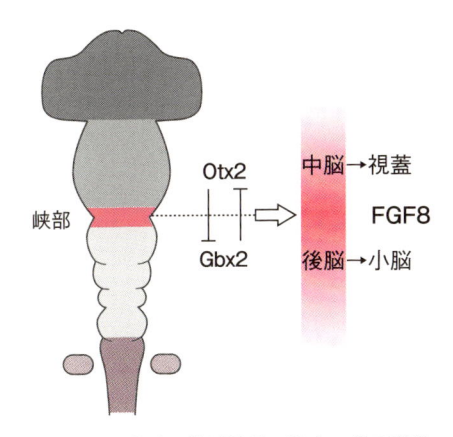

図 6.5　中脳−後脳境界の決定の分子機構

写因子は相互にその発現を抑制することでちょうど峡部にある境界をつくるのである．峡部に Otx2 を過剰発現させると峡部での FGF8 の発現が消失し，後方の領域で Otx2 発現領域の周囲に FGF8 の発現が見られる．転写因子の相互作用によって脳の領域が決定されることは終脳と間脳，間脳と中脳でも確認されている．このように，脳の領域化という，私たちの精神活動にとっても重要な問題の分子的基盤が次々と明らかにされつつある．

6.5　脊髄の背腹軸の形成

神経管は前後（頭尾）方向にそって分化するのみならず，背腹方向にも分化する．脳でも脊髄でも，背腹方向には細胞の分布に違いがあるだけではなく，形態にも大きな差異を生じる．その基礎にある分子機構を見てみよう（図6.6）．

神経管は脊索の誘導によって成立し，また頭尾方向の分化にも脊索の影響があることがわかっている．実は背腹方向の分化にも脊索が関わっているのである．神経管の後方部分である脊髄では，おおまかにいうと背側に感覚神経ニューロン，腹側に運動神経ニューロンの細胞体が局在し，また異なる介在ニューロンが背腹軸に沿って存在している．このような背腹軸に沿った構造がどのようにして生じるかについて，分子的な研究が進んだ．まず，脊索

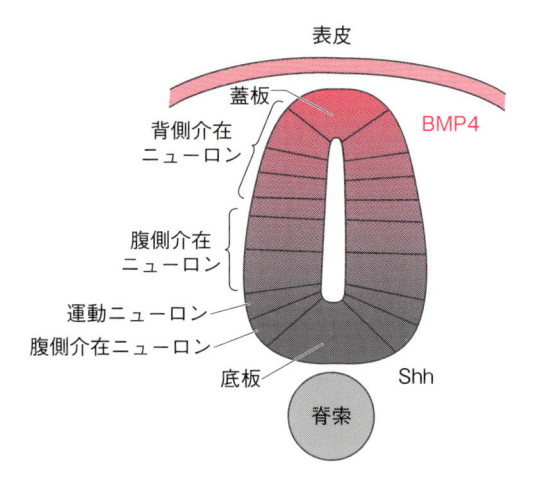

図 6.6　神経管（脊髄）の背腹軸の決定
脊索から分泌される Shh（グレー）と表皮および蓋板から分泌される BMP4 の勾配によって背腹軸が決定される．

を異所的に背側に移植すると，そこに腹側の構造（底板）や運動ニューロンが分化する．このことは脊索が脊髄の背腹軸決定に重要であって，脊索から分泌されるなんらかの物質が重要なはたらきをすることが想定された．

　脊索ではソニックヘッジホッグ（Shh）遺伝子が発現しており，この分泌タンパク質は脊索から神経管の底板部分の細胞によって受容される．受容体はパッチト（Ptc）と呼ばれる7回膜貫通型のタンパク質である．Shh が Ptc に結合すると複雑な細胞内シグナル伝達機構がはたらき，最終的に Gli という転写因子が核に移行して種々の遺伝子の発現を制御し，細胞の分化の方向や増殖活性に影響を与える（5.4.6 参照）．以前から脊索で発現する Shh が脊髄の背腹軸の決定に関与しているという仮説があり，それが検証された．たとえば，Shh をしみこませた小さいスポンジを脊髄の背側に移植すると，脊索を移植したときと同様に，腹側の構造が誘導される．ところが，Shh の発現を詳細に観察すると，脊索だけでなく，底板でも発現が見られる．現在では，脊索の Shh は底板の細胞に作用してその Shh 発現を誘導し，それによって隣接する細胞も Shh を発現する，というように腹側から背側に向かって Shh

の勾配ができ，そのことが脊髄の腹側の決定に関与すると考えられている．

しかしShhの作用は脊髄全体に及ぶほど広範囲のものとは考えにくく，背側の構造は背側から分泌されるなんらかの因子によると推定された．そしてその物質として，BMP4が同定された．BMP4は脊髄を覆う表皮と，脊髄の蓋板から分泌され，腹側にいくほど薄くなる濃度勾配を形成する．こうして，BMP4とShhの二重濃度勾配によって，脊髄の背腹軸と，それに伴う形態，細胞分化がもたらされる．

6.6 体節の形成

6.6.1 体節の形成過程

体節は脊椎動物の胚発生において観察される中胚葉性の分節構造である．このような構造は多くの動物に見いだされる．体軸に沿って同じような構造をつくるときに，一つ一つを独立につくるのではなく，あるユニットの原型を用意してそれをくり返し利用するのが，エネルギーの節約になるのであろう．

脊椎動物の体節は，沿軸中胚葉と呼ばれる中胚葉が前方からしだいにくびれて細胞塊を形成することでできてくる．体節はその後，硬節，筋節，皮節という3領域に分かれ，それぞれは，胚体の中をかなりの距離を移動して，椎骨，背中および四肢の筋肉，主として背側の真皮，に分化する．このうち真皮は必ずしも分節性を示さないが，椎骨と背側筋肉（背筋）は分節性をもっている．四肢の筋肉は特定の体節から四肢の原基に移動する（後述）．ここでは，体節から生じる個々の構造についてではなく，体節という構造自身がどのように形成されるかについて述べたい．これは近年急速に研究が進展した分野である．

沿軸中胚葉は，成立した直後は細胞がほぼ均一に存在する疎性の組織である．しかし，すぐに体の前方から，細胞が凝集して（おにぎりをにぎるように）ほぼサイコロ状あるいは背側がとがった三角錐状の細胞塊を形成する．このときは細胞同士の連絡は密でなく，おそらく細胞接着分子はそれほど機能していないように思われる．しかしすぐに，外側の細胞は上皮化し，一方，内

部の細胞群は疎性のままで，皮とあんこからなる団子状態になる．内部の細胞塊が硬節であり，その細胞はすぐに体節を出て正中に移動し，脊索と神経管を包んで椎骨を形成する（図 4.3 参照）．残った上皮様の構造は皮筋節と呼ばれ，これらの細胞もまもなく分離して移動し，それぞれの場所で真皮と筋肉に分化する．

さて，体節形成できわめて特徴的なのは，その形成の速さと規則性である．たとえばニワトリでは，最初の体節が形成されると，その後ほぼ 90 分に 1 個ずつ，左右対象にほとんど同じ大きさの体節ができる．ゼブラフィッシュでは 60 分，マウスでは 120 分である．このような規則性がどのような分子メカニズムに支配されているかが多くの研究者の注目を集めた．これは細胞が時間を測定する機構にも関係している．

6.6.2 体節形成のメカニズム

実はこの分子メカニズムはまだ完全に解明されていない．現在考えられているしくみはおおよそ次のとおりである（図 6.7）．同じ体節数のマウス胚に

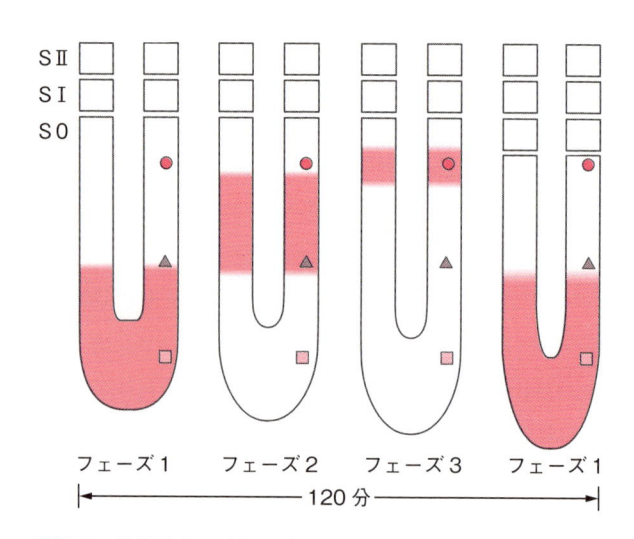

図 6.7 体節形成のメカニズム
 SⅡ：後方から 2 番目の体節．SⅠ：後方から 1 番目の体節．
 S0：未分節の中胚葉．

ついて，*Hes7*（ニワトリでは *Hairy1*）という遺伝子の発現パターンを調べると，3つのフェーズ（相）に分類できることがわかる．フェーズ1では発現は未分節中胚葉の一番後方に発現が見られ，フェーズ2では後方とすでに分節した体節領域の中間に，そしてフェーズ3ではこれからまもなく分節する領域のすぐ後方で発現していることがわかった．このフェーズ1から3の発現パターンは，体節が1つ分節するとまたフェーズ1に戻るので，このような発現パターンが分節の時計になっていると考えられた．マウスではまさにフェーズ1から次のフェーズ1までが120分である．発現パターンの変化は，発現している細胞が移動しているのではなく，それぞれの領域の細胞における発現の変化によることはいうまでもない．これはサッカー場などにおけるウエーブになぞらえられる．

この *Hes7* という遺伝子の産物（転写因子）が実際に体節形成に関わっていることは，*Hes7* のノックアウトマウスで体節の間隔が異常になるなどのことからも明らかである．*Hes7* の発現が最前方に達するとその最前線のところに体節の切れ目ができるのである．*Hes7* はノッチシグナルの下流にあるが，ノッチの発現は比較的一定で，時間に伴って *Hes7* のように変化することはない．*Hes7* の変化は，*Hes7* 自身が自分の発現を調節していると考える方が説明しやすい．Hes7 タンパク質は *Hes7* 遺伝子の発現に対して抑制的に作用するが，Hes7 タンパク質の寿命はきわめて短く，したがって1つの細胞内では，ノッチによって *Hes7* 遺伝子の転写が活性化される→Hes7 タンパク質が合成される→*Hes7* 遺伝子の転写が抑制される→Hes7 タンパク質が分解される→*Hes7* 遺伝子の転写抑制が解除されて転写が上がる，というサイクルをくり返すことになる．これが体節形成細胞の時計として機能しているのである．もちろん，これ以外にも多くの遺伝子産物が関わっていることはいうまでもなく，また，動物種によってその機構も同じではないのであるが，基本的にはこのようにある遺伝子の転写がサイクリックに抑制されることが時計機能を生み出している．

Hes7 あるいは *Hairy1* の上流にはノッチ遺伝子の発現があると述べた．実際，ノッチ遺伝子を未分節の細胞に強制発現させるとそこに境界が形成され

る．ノッチは，デルタなどの膜貫通型リガンドの受容体であり，リガンドが存在しないと活性化されない．体節形成ではリガンドとしては Delta-like 1 と Delta-like 3 が関わっており，これらの遺伝子の突然変異は椎骨の異常をもたらす．さらに，ノッチの上流には，*Wnt* があり，最終的にはこれらの遺伝子カスケード（遺伝子のはたらきの流れ）の出発点にはマウスの結節（ニワトリのヘンゼン結節に相当）から分泌される FGF があると考えられている．

　未分節沿軸中胚葉の中で，これらの遺伝子のはたらきで分節するべきパターンが決定すると，次に細胞が凝集して境界ができる．そこには Eph とエフリンという受容体とリガンドが関与する．先に神経軸索の伸張についても述べたように，この受容体とリガンドは細胞の反発を誘起する．ちょうど分節しようとしている体節について，Eph とエフリンの発現を観察すると，すでに分節した体節の後半でエフリンが，未分節中胚葉の最先端で Eph が発現している．これらのことをまとめると，マウスやニワトリでは，

　　　Fgf8 → *Wnt3a* → ノッチ → *Hes7*（*Hairy1*）→ エフリン → 分節

という遺伝子のカスケードによって体節が形成されていることになる．当然ほかにも多くの遺伝子が関わっているが，ここではこれ以上の詳細には立ち入らないことにする．

7章 器官形成における形態形成

前節では，脊椎動物の初期発生のうち，原腸形成，神経管形成，体節形成などについて述べた．発生段階では，およそ神経胚と呼ばれる時期までである．これ以後，胚の中では，われわれの体を構成する部品である器官が形成される．本章ではそのいくつかについて，形態がどのようにできるか，その分子的機構はどのようなものかについて述べよう．およそ，外胚葉性，中胚葉性，内胚葉性の器官について順に記述するが，多くの器官は複数の胚葉に由来する組織から構成されていることに留意してほしい．

7.1 眼の形成

7.1.1 眼の正常発生

脊椎動物の眼がどのように形成されるかは，よく知られている．概略を図7.1に示した．重要なことは，脳（前脳）の一部が側方に突出して眼胞となり，それが表皮に作用してレンズ（水晶体）を誘導することである．眼胞はやがて眼杯となり，網膜に分化する（図1.2 参照）．

眼の形成に関する研究の歴史は古く，シュペーマンはオーガナイザーの研究に先立って眼杯によるレンズの誘導の研究をほぼ完成させていた．その内

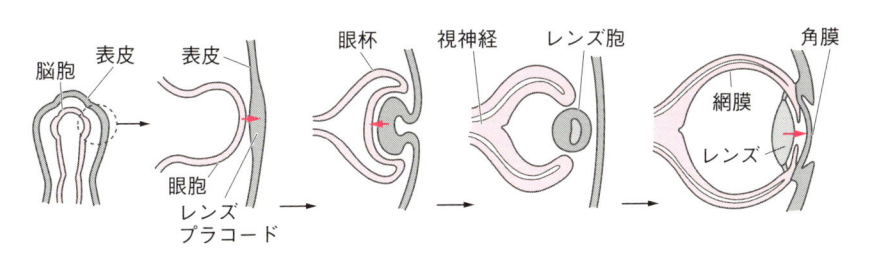

図 7.1 眼の発生と誘導
図中の赤矢印は誘導の方向を示す．

容は高等学校の教科書にも必ず紹介されていて，きわめて有名である．しかしシュペーマンの研究は実は相当広範囲にわたっていて，普通はそのごく一部しか紹介されない．

　簡単に要約すると以下のとおりである．

　1．脊椎動物のある種においては，ある場所の皮膚（外胚葉）が，眼胞の影響を受けることなしにレンズプラコード，レンズ胞，そしてレンズに分化しうる．

　2．別の種では，それほど自律的ではないが，増殖し，レンズを形成する傾向を示す．

　3．多くの脊椎動物では，正常発生ではレンズを生じない外胚葉であっても，眼杯の影響下に置くとレンズが形成されることがある．

　4．レンズ形成能は，生物種によってはレンズ原基とその周辺に限定され，ほかの生物種では頭部の表皮全体に及び，なかにはほとんど全身の表皮が反応性をもつ生物種もある．

　これらの結論を導き出したシュペーマンの実験は，自身によって考案された多くの優れた微細手術用具によってなされ，また，順次仮説を立ててはそれを検討していくそのやり方は，科学研究の1つの規範となっている．なお現在では，予定レンズ領域はその発生過程で，内胚葉，ついで中胚葉と接し，そこでの相互作用によって順次レンズ形成能を獲得するが，少なくとも正常発生では眼胞からの誘導は重要な要因となっている，と理解されている．

7.1.2　眼の形成の分子機構

　この研究は多くの研究者の関心を引き，眼胞からの「誘導物質」の研究も（オーガナイザー物質の研究と同様）きわめて盛んに行われた．しかし研究のブレークスルーはやや違った方面からなされることになった．

　発生生物学は当然あらゆる生物に関して展開されるものであるが，いくつかの生物は「モデル生物」としてとくによく研究されている（コラム3参照）．なかでもショウジョウバエは発生生物学の分野では，常に研究の先頭を切っているといっても過言ではない．それは，発生が速く，世代時間が短く，産卵数が多いなどの理由から，多くの発生的な変異体を得ることができ，また，

遺伝的知見が豊富に蓄積されているので，その原因遺伝子を同定することが容易だからである．

　眼の発生についても，眼を生じない *eyeless* という突然変異体が知られていて，その原因遺伝子として同名の *eyeless* が同定されたのである．この遺伝子は眼の形成に至る遺伝子カスケードの上流にいると考えられている．実際，この遺伝子を正常発生では決して眼を生じない触角や脚の原基に強制発現させると，そこに眼を生じたのである．

　一方，脊椎動物でも古くから眼の形成異常が多く知られていた．そのなかで，ラットの眼の形成不全症は small eye と名づけられていた．そしてその変異の原因遺伝子として *small eye* がクローニングされ，また，この遺伝子がすでに知られていた *Pax6* という転写因子をコードする遺伝子であることがわかった．さらに驚くことに，*Pax6* と *eyeless* はきわめて相同性の高い遺伝子であったのである．つまり，ショウジョウバエの複眼を形成する遺伝子と，脊椎動物の眼の形成に関わる遺伝子が，同じ遺伝子ファミリーに属するのである．すぐさま，ヒトの *Pax6* 遺伝子をハエの触角や脚の原基に導入する実験が行われ，予想どおり（予想以上に！）これらの器官に眼が生じたのである．この成果は，眼という古くから注目されてきた器官の形成について，多くの示唆を与えた．

　これまでいろいろな動物の眼は，進化的に独立に生じたと考えられてきた．昆虫の複眼も軟体動物や脊椎動物のカメラ眼も，発生学的には同じ機構ではなく，ことなる機構で形成されるとされていたのである．しかし上に述べた研究は，眼の形成の初期にはきわめて類似した遺伝子の作用が必要であって，昆虫に複眼，脊椎動物にカメラ眼が生じるのは，その遺伝子の下流に存在する，眼の形成の実行部隊の遺伝子が異なるためであることを示唆する．このように眼の発生は，遺伝子のはたらきを通じて，発生と進化の関係に新しい概念を持ち込むきっかけとなった．

　それでは，眼の形成における誘導作用の本体はどのように考えられているのだろうか．実は *Pax6* は，この誘導作用にも関わっていると思われている．*Pax6* をノックアウトしたラットの予定レンズ上皮と，正常ラットの眼胞を

組み合わせて培養する，あるいはその逆の組み合わせで培養すると，*Pax6* 遺伝子は，眼胞からの誘導作用を上皮細胞が受け取るときに重要であること，すなわち上皮細胞の反応性を維持するのに関わっていることが明らかになった．誘導物質の本性はまだわかっていないが，このような研究をてがかりに，100年以上にわたって発生学の好個の材料として研究されてきた眼という複雑な器官の形態形成と細胞分化も，いずれ分子的機構が解き明かされるであろう．

7.2　皮膚とその派生物の発生

2章で，脊椎動物の比較解剖学的記述をしたとき，皮膚の派生物についても述べた．皮膚は外胚葉性の上皮（表皮）と中胚葉性の真皮から構成される．表皮は動物種によって種々の派生物を生じる．とりわけ，鳥類に観察される羽毛と鱗（脚部）は，以前から実験発生学の材料として有名である（図7.2）．

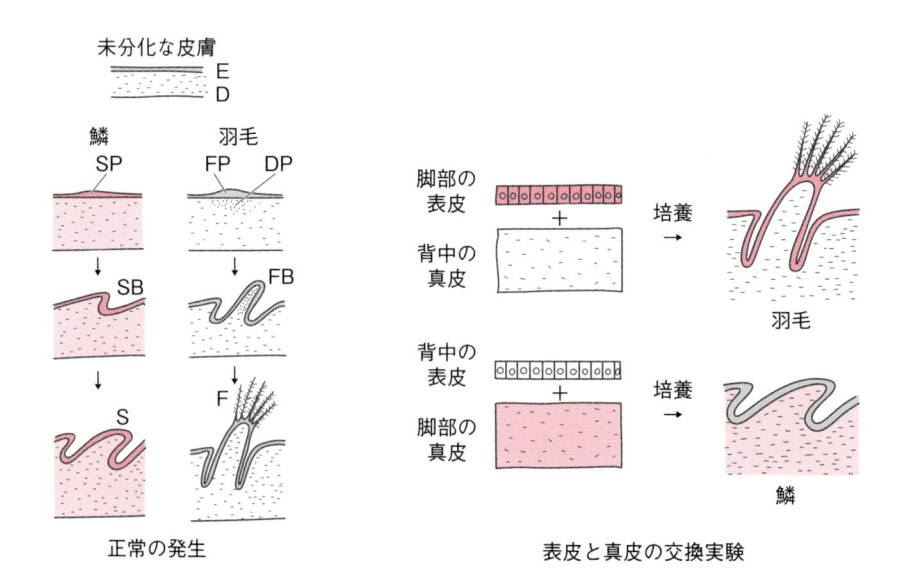

図7.2　ニワトリ胚における鱗と羽毛の形成に関する実験
E：表皮，D：真皮，SP：鱗プラコード，FP：羽毛プラコード，DP：真皮凝集，SB：鱗芽，FB：羽毛芽，S：鱗，F：羽毛

ニワトリ胚の予定背中表皮（将来，羽毛を生じる）と予定脚部真皮（将来，鱗を生じる）を組み合わせて培養すると，材料を採取する発生段階に応じて，異なる結果が得られる．すなわち背中表皮を比較的若い胚から取り，脚部真皮を少し発生の進んだ胚から取って培養すると，背中表皮は羽毛でなく鱗を生じる．このことは，ある発生段階の脚部真皮が未分化な表皮に対して誘導的作用を及ぼすことを示している．

ここで重要なのは組織を採取する時期で，発生が進行すると表皮の反応性も真皮の誘導能も低下する．正常発生では誘導能と反応性がピークに達したときに正しい誘導が起こるのであろう．この実験はまた，いわゆる爬虫類からいわゆる鳥類への進化の過程で羽毛が生じたときに，真皮と表皮の両方にそれぞれ誘導能と反応性の変化が起きたことも示唆している．

羽毛も鱗もその形成の出発点は表皮プラコードの形成である．プラコードがどのように形成されるかはまだ不明であるが，羽毛の表皮プラコードの直下には，真皮細胞の集積（真皮凝集）が起こる．ここではFGF10の発現が見られ，これがとくに羽毛の形成には重要であることがいくつかの実験から明らかになっている．一方，表皮では，*Hex*というホメオボックス遺伝子，Wnt7aという成長因子，その下流に存在するβカテニン，などが実際に羽毛を形成するのに関わっていることが次第にわかってきている．ただ，現在のところ，羽毛と鱗の分化を支配する（おそらくは真皮の）因子はまだ確定していない．

7.3 歯の形成

歯は脊椎動物の特徴的構造物の1つである．歯は外胚葉性の上皮と神経冠由来の頭部間充織から形成されるので，ほぼ純粋に外胚葉性ということができる．歯の形成も，組織間相互作用のよい例として，古くから注目されてきた（図7.3）．

歯は当然はぐきのところに形成される．ここは口の中とはいえ外胚葉性の表皮で覆われている．発生のある段階で，この部分の表皮が周囲の結合組織（間充織）中に柵状に落ち込み，歯堤をつくる．やがて歯堤は分断されて残っ

■ 7章 器官形成における形態形成

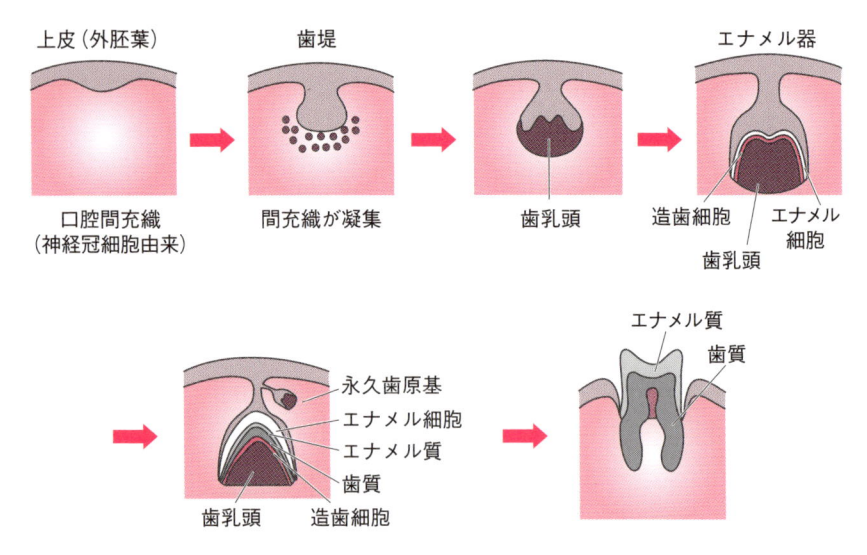

図7.3 歯の形成

た部分が1本1本ずつの歯を形成する．このあたりの間充織は神経冠由来である．

落ち込んだ表皮はその先端が膨らみ，最初は帽子状，ついで中心部が凹んで釣り鐘状になる．そのころ，釣り鐘の内部（歯乳頭という）にある間充織細胞のうち，表皮細胞と向かい合った細胞は，上皮化して，あたかも2枚の膜が向かい合ったような状態になる．表皮に由来する上皮細胞はエナメル細胞，間充織に由来する上皮細胞は造歯細胞と呼ばれ，それぞれエナメル質（アメロゲニンタンパク質を含む）と歯質という堅い物質を，上皮と上皮の間に分泌する．両方の上皮は物質を分泌しながら後退し，間にエナメル質と歯質を蓄積して，歯が形成される．歯は最初は口腔上皮の下，間充織の内部で形成されるが，成長すると口腔上皮を破って表面に出てくる．

ヒトなどではこうして乳歯が形成される間に，永久歯の原基がすでにでき，ある年齢に達すると乳歯が脱落して永久歯の原基が成長して口腔内に出てくる．

歯の形態は，とくに哺乳類では位置によって特異性がある．容易にわかるように，門歯（正式には中切歯と側切歯）と犬歯は先端がとがっているが，

その後ろの小臼歯，大臼歯には歯冠という凹凸が見られる．このような形態はどのようにして決まるのだろうか．これもまた，組織間総合作用の結果なのである．つまり，予定切歯上皮と予定臼歯間充織を結合して培養すると上皮には歯冠が生じる．逆も成り立つ．

さて，鳥類には歯がない．最近はいわゆる爬虫類と鳥類の境界が曖昧になりつつあるが，少なくとも現生鳥類の成体は歯をもたない．しかし，鳥類が爬虫類のあるものから進化したのであれば，鳥類にも歯を形成する潜在的能力があるかもしれない，と考えるのはそれほどおかしくないであろう．そこで，いくつもの実験がなされてきた．もっとも簡単なのは，マウスの間充織とニワトリの口腔上皮を組み合わせて，あるいはその逆の組合せを培養することである．もし鳥類の間充織が誘導能力を失っているのなら前者の組合せで，もし鳥類の上皮が反応性を失っているのなら後者の組合せで，歯が生じるかもしれない．しかしどちらの実験も結果はネガティブであった．このことから，鳥類はもはや歯の形成に必要な遺伝子を失って，歯をつくる能力を完全に喪失している，と考えられた．しかし，マウスの頭部神経冠をニワトリ胚に移植したところ，ニワトリに歯様の構造（ニワトリアメロゲニン遺伝子発現を伴う）が形成されたことから，少なくとも口腔上皮は今でも歯形成のポテンシャルを維持している，という研究結果もある．このような研究は進化における新規性の獲得や形質の喪失について，大きな示唆を与えるものである．

7.4 四 肢

7.4.1 四肢の発生

脊椎動物のうち，両生類，爬虫類，鳥類，哺乳類は手足（四肢）をもっていて，四肢動物（四足動物）と呼ばれる．水中生活から陸上生活への進化に当たって四肢の形成が重要な役割を果たしたことはいうまでもない．これは先にも述べたとおりである．脊椎動物の四肢は基本的にきわめてよく似た構造をもっている．それがどのようにして形成されるかについては，長い研究の歴史があり，近年多くの成果が得られている．

■7章　器官形成における形態形成

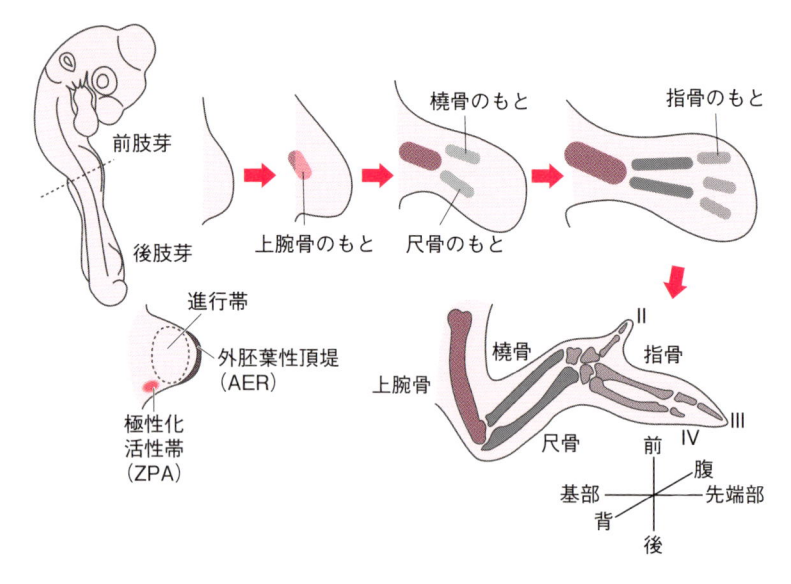

図7.4　ニワトリ胚前肢の形成過程

　よく研究されているニワトリ四肢の正常発生についてまず述べよう（図7.4, 口絵裏参照）．前肢，後肢とも胴体の側部に生じることはいうまでもない．ニワトリでは，前肢は体節の15ないし19の位置，後肢は体節の30以後の位置にその原基が形成される．ただしこの関係は発生の進行とともに変化する．原基は肢芽と呼ばれ，最初は側板中胚葉（体壁板中胚葉）とそれを覆う表皮からなる小さい膨らみである．肢芽は，主として中胚葉細胞の活発な増殖によって急速に側方に伸張し，やがてその内部に将来の骨のもとになる軟骨原基が生じる．前肢では基部側（体側）から上腕骨，橈骨と尺骨，そして掌の骨（手根骨，中手骨），および指骨である．後肢では大腿骨，腓骨と脛骨，そして足根骨と中足骨，および指骨である．軟骨原基は基部のものから次第に形成される．これらの軟骨は後に骨によって置換される．一方，これらの骨をつなぎ，可動性を与える筋肉は，前述のとおり体節に由来する．筋肉細胞の移動は，肢芽領域の側板中胚葉の誘導による．

　ニワトリの前肢は後に翼になるが，発生の初期には前肢と後肢はきわめて

よく似た様式で形成される．ただ，指の数は前肢が3本であるのに対して後肢は4本である．指骨ができた後，指間の皮膚がアポトーシス（細胞死の一種）を起こして消失し，各指が独立する．前肢の皮膚には羽毛が，後肢の一部には鱗が生じることも前述のとおりである．

四肢には軸を考えることができる．われわれが腕を伸ばしたときに，頭側（手の親指側）を前方，小指側を後方という．また肩の方を基部側，指の方を先端側として基部−先端軸を定義する．さらに掌側を腹側，反対側を背側と呼んで，背腹軸を定義する．

さて，四肢の形成については多くの研究課題が考えられるが，ここでは，肢芽領域の決定，肢芽の伸張，前後軸の決定，そして前肢と後肢の特性の決定についての，最近の知見について述べることにする．

7.4.2 肢芽領域の決定

肢芽ができる領域の決定には，いくつかの分泌性因子が関与していると考えられている．まず $Fgf10$ が側板中胚葉で広く発現し，ついで $Wnt8c$ と $Wnt2b$ がそれぞれ後肢芽領域，前肢芽領域で $Fgf10$ を安定化する，とされている．このことは，$Fgf10$ が肢芽形成の最初に必要であることを示唆する．実際，$Fgf10$ ノックアウトマウスでは，四肢を完全に欠損する子が生じる（図7.5，ただしこの個体は肺も形成されないので出生後すぐに死亡する）．さらに，$Fgf10$ を前肢芽と後肢芽の中間の側板中胚葉に発現させると，そこから

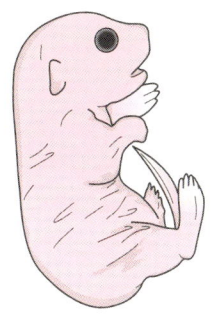

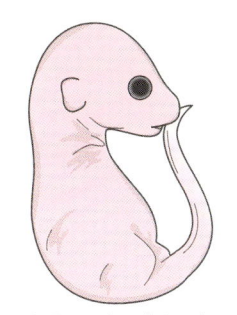

正常マウス　　　*Fgf10* ノックアウトマウス

図7.5　四肢の形成とFGF10

余分の肢芽が生じる，という実験もある．このように，肢芽の初期の形成には *Fgf10* がきわめて重要であることはまちがいない．

7.4.3 肢芽の伸張

古くからの観察で，肢芽には背腹軸の中心に，表皮の肥厚がみられることが知られていた．この肥厚には外胚葉性頂堤（以下 AER）という名前があたえられ，これが肢芽の伸張に重要であろうと推測された．実際，ニワトリ胚で，*in ovo*（卵の中）で肢芽の AER を切除する手術を行うと，肢芽はしばらく成長した後に伸張を停止する．これは AER から分泌されるなんらかの因子が中胚葉性細胞の増殖を促進していると考えれば説明がつく．やがてこの因子が FGF8 であることが同定され，それを確証する実験もなされた．たとえば，AER を除去した上で FGF8 を染みこませたスポンジ様の物質で傷口を覆うと，肢芽は正常に伸張するのである．AER から分泌された FGF8 は，表皮から数百ミクロン以内（進行帯という）の中胚葉性細胞にはたらきかけてその増殖を促進する．*Fgf8* は肢芽領域の中間中胚葉でも発現していて，肢芽の形成と伸張に関与していると考えられている．*Fgf8* も，前肢芽と後肢芽の中間に発現させると，新たな肢芽を誘導する．*Fgf8* の発現は FGF10 によって誘導されると考えられるが，一方，FGF8 には *Fgf10* の発現を維持する作用もある．このように側板中胚葉の FGF10 を起点として肢芽形成の領域が決まり，ついで AER の FGF8 の作用で肢芽は伸張するのである．

7.4.4 前後軸の決定

われわれの手は，前方に親指，後方に小指があり，方向性をもっている．ニワトリの前肢（翼）の指は 3 本で，われわれの手の，第 2, 3, 4 指に相当するといわれる（異論もある）．これには II，III，IV と番号がついている．ニワトリの 3 本の指も個性があり，それらをみれば前後軸がわかる．このような軸の形成についてもずっと以前から多くの実験的な研究がなされてきたが，近年ソニックヘッジホッグが関与していることが明らかになって以来，研究は一気に加速した．

肢芽に前後軸があることは，肢芽のどこかにそれを決めるセンターがあると考えるのが自然である．そこで，発生中の肢芽のいろいろな場所から小さ

7.4 四肢

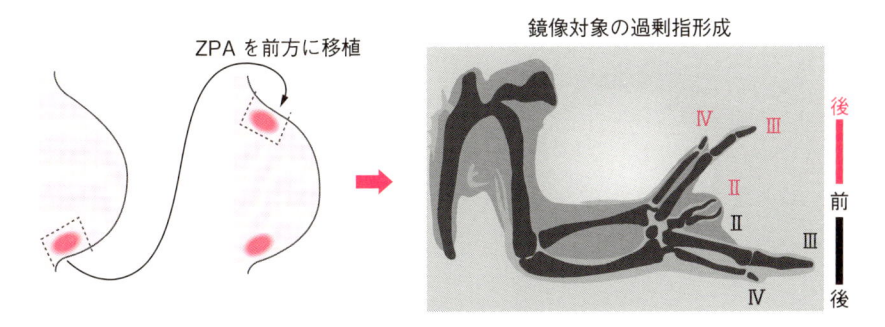

図 7.6 肢芽における前後軸の決定

い組織片をとり，それを別の肢芽に移植することが行われた（図 7.6）．その結果，肢芽の後端の組織を前方に移植すると，指などが重複した奇形肢が生じたのである．この重複肢を詳細に観察すると，正常肢では指が前方からⅡ，Ⅲ，Ⅳであるのに対して，重複肢ではしばしばⅣ，Ⅲ，Ⅱ，Ⅲ，Ⅳ（あるいはⅣ，Ⅲ，Ⅱ，Ⅱ，Ⅲ，Ⅳ）となっている．つまり，後方の組織を移植したために，本来の指の前方に後方の指が軸を逆転して形成されるのである．この作用をもつ後方部位は極性化活性帯（ZPA）と呼ばれるようになった．

　ZPA の作用が明らかになるにつれて，ZPA から放出されて前後軸の決定に関与する因子が探索された．最初に候補にあがったのは，レチノイン酸（RA）であった．RA は，ビタミン A の誘導体で，種々の生理活性を発揮する．RA の分布を調べると，肢芽では確かに後方に多いことが示された．また RA を染みこませたスポンジを肢芽前方に移植すると重複肢が生じるのである．次に候補となったのはソニックヘッジホッグ（*Shh*）である．脊椎動物におけるヘッジホッグのホモログである *Shh* がクローニングされ，その発現パターンが解析されるとすぐに，この遺伝子が ZPA で特異的に発現することがわかった．それ以後の研究の進展は速く，つぎつぎと Shh が ZPA 因子であるという証拠が得られた．たとえば，*Shh* 遺伝子を組み込んだウイルスを肢芽前方に感染させると重複肢が生じるし，肢の前方に余分な指をもつマウスの突然変異体の 1 つ（*Hx*）では，*Shh* のエンハンサー領域に点突然

■ 7章　器官形成における形態形成

変異があることもわかった．これにより，*Shh* が ZPA で発現することが肢の前後軸を決定する上で最重要の現象であると考えられるようになった．

　肢の前後軸の決定は，モルフォゲンによると考えられてきた．つまり ZPA から分泌されるなんらかの因子の濃度勾配（後方で高く，前方で低い）が，肢芽の細胞に位置情報を与え，それによって肢芽の間充織細胞は，前方では指IIに，後方ではIVに分化する，ということである．このモルフォゲン説は，ZPA を移植したときに指がIV，III，II，II，III，IVという配置を取ることをよく説明する．しかし，分泌された Shh が本当に肢芽全体に拡散して濃度勾配をつくるかについてはいまだ結論が出ていない．Shh の下流にあって転写因子としてはたらく Gli のあるものは確かに勾配を形成するので，Shh を出発点としていくつかの分子がリレー的に作用して肢芽の細胞に位置情報を与えているのかもしれない．なお，RA は *Shh* を ZPA に発現させるのに重要であると考えられている．Shh は，表皮における *Fgf8* の発現を促し，一方，FGF は *Shh* の発現，分泌を調節する．このように，肢の形成でも表皮と間充織の間の複雑な分子的相互作用がはたらいている．

7.4.5　前肢と後肢の特性の決定

　前肢と後肢はその基本構造が類似していると述べたが，それでもこの両者は明らかに異なっている．その典型的な例は鳥類で，前肢が翼に特殊化している．このような特異性はどのようにして決まるのだろうか．もちろん，骨格や表皮の違いは最終的に種々の遺伝子のはたらきによって生じるが，そもそも前肢とか後肢とかを決定するのはどのような分子的メカニズムだろうか．

　肢芽の移植実験は，前肢と後肢の決定が発生の早い段階に起こることを示した．ニワトリ胚では肢芽が可視的になるのは発生段階のステージ 15（孵卵開始から 2.5 - 3 日）からであるが，それより早いステージ 12 までの肢芽をニワトリ胚体腔内移植で培養すると前肢と後肢が混じったような肢が形成される．前肢ではステージ 9（孵卵開始から 2 日）で発生運命が決まっているという報告もある．このように早い段階で前肢後肢の特性を決める分子が探索され，Tbx という転写因子が候補となった．

　Tbx は T-box という DNA 結合領域をもった転写因子のファミリーで，四

肢で発現するのは *Tbx5* と *Tbx4* である（図 4.5 参照）．前者は前肢芽で，後者は後肢芽で特異的に発現する．この遺伝子が前後肢の特性決定に重要であるという証拠はいろいろあり，たとえば，すべての脊椎動物（魚類の鰭も含めて）で同様の発現パターンを示す，ヒトの手形成異常をもたらす Holt-Oram 症候群（橈骨に異常が生じる）の原因遺伝子が *Tbx5* である，マウスでも *Tbx5* のヘテロ突然変異体は前肢に異常を来す，などである．もっと直接的には，ニワトリの前肢芽に *Tbx4* を，後肢芽に *Tbx5* を強制発現させたときの表現型で，この場合，前肢は後肢様の，後肢は前肢様の形態を示す．*Tbx4* を導入された前肢は羽毛が生えず，鱗や爪を生じ，指は 4 本となる．逆に *Tbx5* を導入された後肢は羽毛をもち，指は 3 本となる．骨要素もそれぞれ変化する．これにより，Tbx が前肢，後肢の特性を決定することは明らかであるが，それではそれぞれの遺伝子をそれぞれの肢芽で発現させる機構は何であろうか．これについてはまだ解決されていない問題もあるが，少なくとも後肢芽では *Pitx1* という遺伝子が *Tbx4* の発現を制御していることが示されており，実際前肢芽に *Pitx1* を発現させると，*Tbx4* の発現と同様の効果を表す．

　かつて C. ダーウィンは，『種の起原』において，「把握に適したヒトの手，掘るのに適したモグラの手，ウマの足，イルカのみずかきの足，コウモリの翼が，みな同一の基本図にしたがって構成されており，おなじ相対的位置でならんだおなじ骨をもっているということ以上に，興味ふかいことがあるであろうか．」（八杉龍一訳）と述べた．その構成のしくみが今や分子の言葉で語られ，しかもそれぞれの肢の特性を決定する因子まで明らかにされようとしている．ダーウィンの言葉を借りれば，これほど興味深いことがあるであろうか．

7.5　心臓の形成

　心臓も，形態と機能が密接に関係している器官である．また，発生や脊椎動物の進化とともにその形態が著しく変化する器官でもある．さらに，心臓

■ 7章　器官形成における形態形成

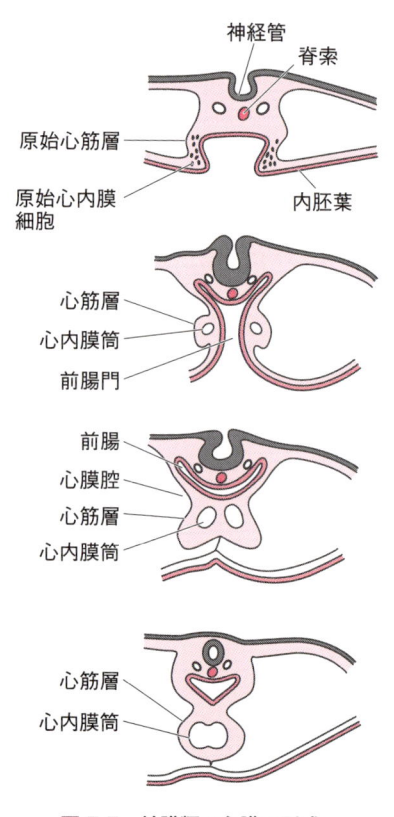

図 7.7　羊膜類の心臓の形成

は当然血管系とも密接な関係をもって発生する．ここでは，脊椎動物の心臓形成の概略とそこに関わるいくつかの因子に焦点を当てよう．

　鳥類あるいは哺乳類の心臓原基は，原条と頭突起ができたころに，その左右内臓板中胚葉に存在する（図7.7）．内臓板中胚葉が内胚葉とともに左右から褶曲して腹側中心線で融合し，消化管を形成するが，心臓原基はそのさらに腹側で融合する．褶曲の途中で，中胚葉に後に心臓の心内膜に分化する細胞が中空の筒を形成し，その外側の中胚葉は心筋層を形成する．心内膜筒は左右2本あるが，原基が中心線で融合すると心内膜筒も融合して1本になり，その外側を心筋層が取り囲む心臓の原型ができあがる．そのころにはこ

の心臓原基の後方は胚の後方から来る卵黄静脈と，前方は動脈弓につながる動脈と結合し，血管系との関係をもつようになる．ニワトリ胚では孵卵2日目，ヒト胚では妊娠25日ごろから拍動が観察される．心臓は神経系とともに，もっとも早くに分化する器官である．

その後の形態形成は複雑である（図7.8）．まず，筒の各部の増殖率などの差によって前方の心室と後方の心房の間にくびれを生じ，最前方には心球，最後方には静脈洞という膨らみができる．ついで心臓は左右の増殖率のちがいによってU字型（ループ）になる．この時点で，静脈からの血液を受け取る心房が相対的に前方に来るのである．その後，心房，心室のそれぞれに中隔が形成され，また心房と心室間には弁ができる．こうして2心房2心室性の心臓が完成する．当初心房は静脈洞によって静脈につながり，また心球

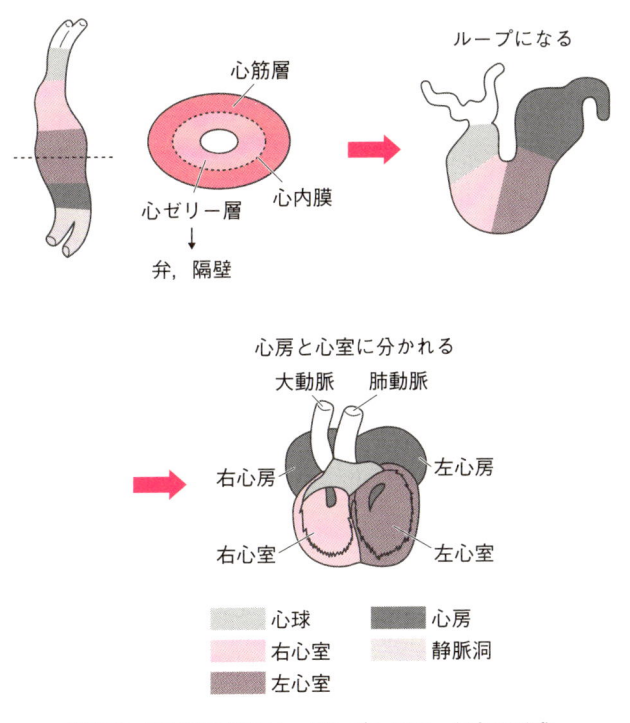

図 7.8 哺乳類心臓のルーピングと心房，心室の形成

を経て動脈につながっているが，それも血管系のかなり大規模な変化とともに，肺循環系との関係を生じるようになるのである．

　心臓における中隔や弁の形成には，心内膜の内側に存在するゼリー層が重要である．心内膜の細胞はこのゼリー層を通って移動し，心内膜床という肥厚を生じ，それが左右から合して中隔を形成する．ゼリー層に豊富に存在する細胞外基質は，細胞の移動に重要であり，細胞外基質が正常に分泌されないと中隔の形成に異常を生じることになる．

　心臓原基の確立には，内胚葉からの作用が必要である．また，心臓原基の融合にも内胚葉が必要で，初期に内胚葉を除去すると左右に拍動する心臓をもつ胚をつくることができる．内胚葉からの作用因子としてはBMPとFGFが知られている．一方，脊索のノギンは，内胚葉のBMPの作用を阻害して胚の中央部での心臓形成を抑制する．このほかにWntや，サーベラス，ディックコップなどのWntの拮抗因子も心臓が正しい位置に形成されることを制御している．

7.6　腎臓の形成

　腎臓は排出器官として重要である．すでに述べたように，脊椎動物が陸上に進出できた理由の1つは，腎臓の構造と機能が変化して，体内により多くの水分を保留できるようになったことである．ここでは哺乳類を中心に腎臓の形成を見ることにする（図7.9）．

　腎臓は，進化的，発生的に，前腎，中腎，後腎の順で形成される．羊膜類のいわゆる腎臓は後腎のことである．哺乳類では，前腎はきわめて痕跡的に形成されるに過ぎないが，その形成によって腎臓からの排出管（前腎輸管）としてはたらく管ができることが重要である．中腎は，前腎の後方に形成され，かなり発達してある程度排出器官として機能する（鳥類では胚期には中腎が主要な排出器官である）．中腎において血管から濾し取られた老廃物は，前腎輸管に由来する中腎輸管を通って総排出腔まで運ばれる．後腎は，輸管が総排出腔に到達する所から形成される．

　腎臓は中間中胚葉から形成される．中胚葉は胚体の正中線に近い中軸中胚

7.6 腎臓の形成

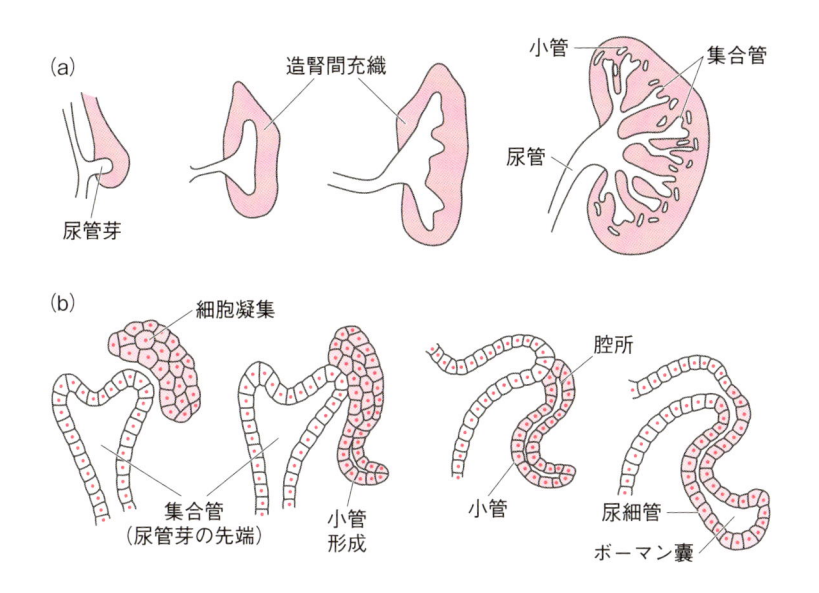

図7.9 腎臓の形成
(a) 全体図, (b) 腎単位 (尿細管とボーマン嚢) の形成.

葉 (脊索), 沿軸中胚葉 (体節), 中間中胚葉, そして側板中胚葉に分かれる. 中間中胚葉としての性質の獲得には, 背側, 腹側を決定する種々の因子が重要であり, とりわけ BMP の勾配が深く関わっている. また, 中間中胚葉における腎臓の形成には沿軸中胚葉からのシグナルが必須であり, 中間中胚葉を沿軸中胚葉から分離すると腎臓形成は起こらず, 一方側板中胚葉を沿軸中胚葉と接するようにすると, 腎臓の形成が誘導される. これにはホメオドメインをもついくつかの転写因子, たとえば Lim1, Pax2, Pax8 などが関わっている.

まず中腎輸管から尿管芽と呼ばれる小管が伸張し, その周囲にある間充織 (造腎間充織) 中に進入する. 尿管芽は間充織の影響下に枝分かれをし, 一方, 間充織細胞は尿管芽の影響下にその先端部に集合して, やがて細胞塊を形成する. 凝集した細胞塊はコンマ型, ついで S 字型の集塊となり, その中に管が形成される. 管は急速に伸張して尿細管となり, 最終的にその先端が陥

凹してボーマン嚢をつくり，そこに毛細血管が進入して糸球体となる．ボーマン嚢と糸球体をあわせて腎小体という．尿細管とボーマン嚢をあわせて腎単位（ネフロン）という（図1.3参照）．尿細管はもともと造腎間充織由来であるが，その管が尿管芽の管に開通して，尿管芽由来の部分は集合管となる．尿管芽は総排出腔に開口して尿管となる．腎臓の皮質にはマルピーギ小体が多く存在し，一方，髄質には尿細管がたくさん詰まっている．尿細管は糸球体からボーマン嚢に濾し取られた原尿から，体に必要なものを再吸収する重要なはたらきを担う．

　腎臓の形成において観察される誘導現象は，以前から誘導作用の解析に有用なモデルを提供してきた．造腎間充織が尿管芽に作用してその成長を促し，さらに分枝を引き起こすにはグリア細胞由来神経成長因子（GDNF）が重要である．GDNFの受容体はRetという受容体型チロシンキナーゼで，その発現は輸管の全体に見られるが，やがて成長中の尿管芽に限定されるようになる．GDNFやRetの遺伝子をノックアウトされたマウスは，出生後すぐに腎臓不形成によって死亡する．

　一方，尿管芽は周囲の造腎間充織に作用して凝集塊をつくらせるが，それにはPax2が関わることが知られている．また，凝集塊が管になる形態形成では，尿管芽からのWnt6やWnt9が重要である．さらに，この管からネフロンができる過程では間充織自身から分泌されるWnt4が必要で，もしWnt4が存在しないと間充織は凝集するが管を形成しない．

　このように腎臓の形成においては種々の転写因子や成長因子，その受容体などがめまぐるしいほど次々とはたらいている．ここでは腎臓形成過程の後期については省略したが，そこでも多くの遺伝子が時間的空間的に秩序正しく発現することがわかってきている．そのどれもが腎臓形成に必須であり，1つでも欠けると正常な構造と機能をもった腎臓は形成されない．

7.7　生殖細胞の起原，生殖腺の形成と生殖輸管

　生殖腺はいうまでもなく生殖細胞が分化して次世代を残すための重要な器官である．その形成は腎臓と密接に関わっている．ここではまず，生殖細胞

の起原について述べ，ついで生殖腺の形成と生殖輸管について記述しよう．

7.7.1 始原生殖細胞

生殖細胞は上述のように生殖腺で分化して精子や卵となるものであるが，脊椎動物ではその起原は生殖腺外にある．生殖腺に到達する以前の細胞は始原生殖細胞（PGC）と呼ばれ，神経冠細胞や体節細胞とならんで胚体中を長距離にわたって移動する細胞の好例である．両生類では，受精卵の植物極に将来 PGC になる細胞を特徴づける生殖細胞質の存在が知られている．この細胞質はミトコンドリアを多く含み，また各種の RNA やタンパク質の存在が知られている．とくに注目されるのは，ショウジョウバエの生殖細胞質に存在する Nanos や Vasa という生殖細胞決定因子がアフリカツメガエルの生殖細胞質にも存在することである．第一卵割によって生じる 2 つの割球はどちらも生殖細胞質をもつので，どちらも生殖細胞になる可能性をもっている．第二卵割も同様である．しかし第三卵割は赤道面に平行なので，動物極側の細胞は生殖細胞質を受け取らない．このようにして生殖細胞質をもつ細胞は次第に限定され，それらが PGC として胚の中を移動し，腸管壁を通って生殖腺に到達する．

鳥類の PGC の起原と移動は実験発生学的な研究によってよく知られている．ニワトリ胚の発生段階 4（st.4）では，PGC は前方の明域と暗域の境界部（生殖三日月と呼ばれる）に見いだされる．これらの細胞は大型で，過ヨウ素酸-シッフ（Schiff）試薬で染色される特殊な果粒をもつことでほかの細胞と区別される．この果粒はグリコーゲンを含み，おそらくその後の移動に要するエネルギーを供給すると考えられる．両生類や，後述の哺乳類と異なり，鳥類の PGC は体内を血流にのって移動する．すなわち生殖三日月領域に血管が進入すると，そのなかに潜り込み，体内を循環し，いまでもその詳細が明らかではない機構によって生殖腺の近くで血管を出て，生殖腺まで移動する．このことは，生殖三日月を除去して PGC をなくした胚と，別の正常胚を併置して血流のみを共有させるという実験によって疑いの余地なく示された．また現在では，血液を採取してそこから PGC を回収することもできる．

■ 7章　器官形成における形態形成

　哺乳類では，PGC は BMP などの作用により，胚盤葉上層の細胞から分化すると考えられている．PGC は原腸形成時には胚の後方に位置するが，やがて腸管の内部を前方に向かって移動し，臍帯付近を通って生殖腺原基に到達する．これらの PGC は昔からアルカリフォスファターゼの発現によって同定されてきた．

7.7.2　生殖腺の形成

　これまで生殖腺原基について触れないまま，PGC が生殖腺原基に入る，と記述してきた．生殖腺原基は，脊椎動物ではほとんど同じ場所に，すなわち，中腎が形成される部位の体腔に面した壁に形成される．

　生殖腺原基（生殖隆起）は，体腔壁の上皮細胞とその内側にある間充織からなる（図 7.10）．PGC は上皮細胞層に取り込まれる．PGC を含む上皮細胞は活発に増殖し，やがて間充織中に陥入して一次性索を形成する．雄の生殖腺，つまり精巣ではこの一次性索がそのまま精子形成の場である精細管になり，上皮の体細胞はセルトリ細胞という，精子形成を制御する大型の細胞に分化する．雌では一次性索はいったん退化し，上皮はふたたび増殖して二次性索をつくり，そこに含まれる PGC を中心にして原始的な濾胞が形成される．

　生殖腺原基は，一次性索の時期まではほとんど雌雄で差がない．その後，精巣と卵巣という形態も機能もまったく異なる器官が構築される過程での，遺伝子のはたらきは近年かなり明らかになってきた．哺乳類では Y 染色体上の *Sry* 遺伝子が雄性を決定する遺伝子であることが明らかになっている．Sry は転写因子であり，Y 染色体があってもこの遺伝子がはたらかなければ雌になる．逆に雌に *Sry* 遺伝子を強制発現させれば雄のタイプになる．Sry の下流には Sry と同じグループに属する Sox9 という転写因子があり，さらにほかの遺伝子の発現を制御して精巣をつくらせる．一方，雌では *Sry* 遺伝子がないので，精巣形成に必要な遺伝子群がはたらかず，その原基では *Wnt4* が発現して，その下流の Dax1 や BMP2 を活性化し，卵巣の発生をもたらす．つまり，哺乳類では雌型が基本であり，生殖腺原基は性分化の前に摘出して培養すると卵巣に分化する．Sry がはたらいて初めて雄型になるの

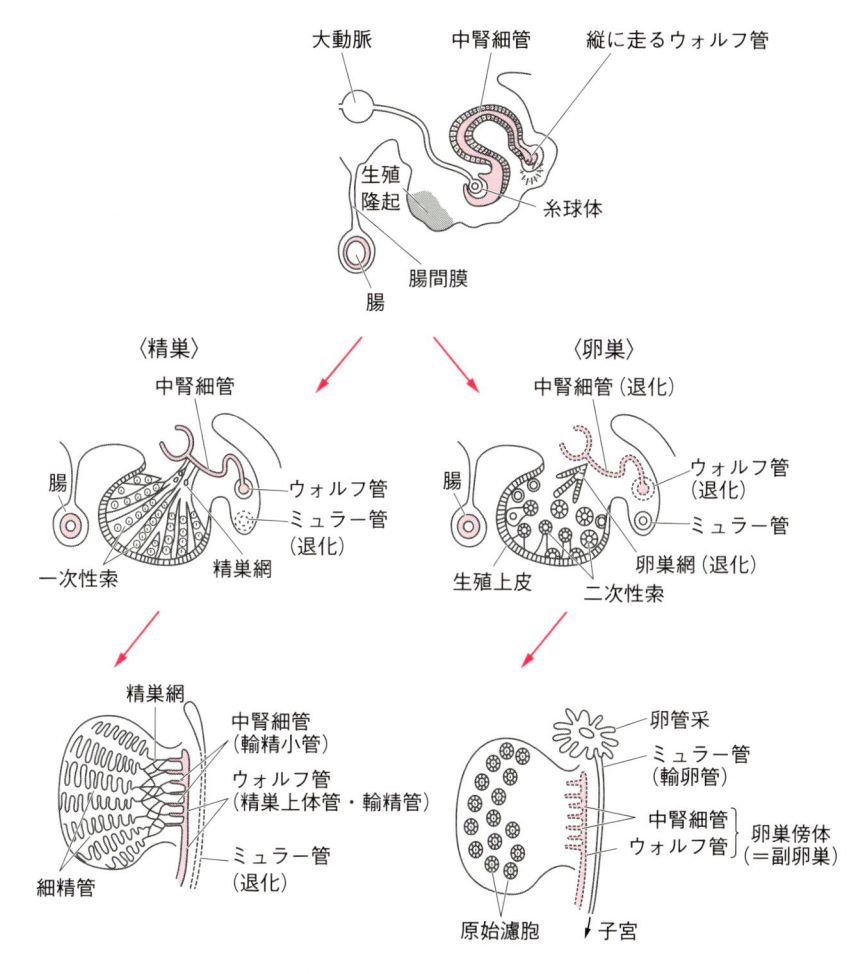

7.7 生殖細胞の起原，生殖腺の形成と生殖輸管

図 7.10 哺乳類における生殖腺と生殖輸管の発生

である．

このように生殖腺原基が精巣に分化するか卵巣に分化するかに関しては，遺伝子のカスケードがかなり明らかになってきたが，生殖腺原基の形態形成，たとえば性索の形成や退化，あるいは精細管の形成，濾胞の形成などに関しては，ほとんど知見がない．今後の重要な研究課題である．

7.7.3 生殖輸管の形成

先に，腎臓の形成においては前腎輸管として形成された輸管が，中腎では中腎輸管として機能することを述べた．この管は一名をウォルフ管といい，胚体の後ろ（尾側）半分を走行する長い管である．中腎の排出機能はこの管に依存しているが，後腎（腎臓）は尿管芽に由来する管が腎臓からの尿を総排泄腔に導くので，ウォルフ管は排出の機能をもたない．また，中腎輸管が形成されるとその誘導によって，それと平行にミュラー管という管が形成される．これも体の後ろ半分を走行する．さて，生殖腺原基は中腎の腹側，体腔に面して形成されるが，原基が精巣に分化するか卵巣に分化するかによって，中腎と生殖輸管の発生運命も大きく異なるのである．雄では中腎は精巣に続く副精巣となって精子の通り道となり，ウォルフ管が精子を運ぶ輸精管となる．ミュラー管は，ミュラー管阻止物質（MIS）という，TGFβスーパーファミリーの一員である物質が精巣から分泌されて，アポトーシスを起こして短期間のうちに退化する．雌では，中腎やウォルフ管は卵巣傍体として残るほかはほとんど退化し，ミュラー管は輸卵管，子宮，および腟の一部を形成する．

ウォルフ管は，発生の途中で前腎輸管，中腎輸管そして雄の生殖輸管というように，その機能を変え，とくに雄で中腎とともに，排出器官から生殖関連器官へと変換することは，発生における機能転換のめざましい例である．

7.8 消化器官の形成

消化器官と呼吸器官は内胚葉と内臓板中胚葉から構成され，器官の構築が進むと当然血管系や神経系も進入してくる．それぞれが正しい位置に配置され，正しく機能することが，消化・吸収・呼吸という生命の維持に必須であることはいうまでもない．脊椎動物の消化器官や呼吸器官は体の一番内側に位置していることから，観察や実験的な微細手術が困難であり，外胚葉性の器官などに比べてその形成に関する実験発生学的研究は立ち後れていた．しかし近年，分子的研究も含めて，これら内胚葉性器官の形成機構は多くの研究の対象となってきた．

7.8 消化器官の形成

消化器官も呼吸器官も最初は原始的な腸管として成立し，後に管の各所がくびれたり突出したりして各器官が形成される．したがって，発生学的には，消化器官と呼吸器官は同一の起原をもつ．ここでは消化器官の形成過程を扱うことにする．また消化器官も食道，胃，小腸，大腸，肝臓，膵臓など独立した器官に分けることができ，それぞれに独立した形成機構が知られてきている．そのすべてを扱うことはできないので，主要な点に絞って記述することにする．

7.8.1 原始腸管の成立

脊椎動物は，前述のように，よくまとまった動物グループであるが，それでもいろいろな点で多様性を示している．内胚葉と内臓板中胚葉からなる原始腸管の成立も，魚類，両生類，羊膜類と，それぞれ独自性を示している．両生類では，いわゆる原腸形成が起こると，多くの種では原腸がそのまま消化管となる（図 6.2 参照）．その際，原腸が陥入する原口は将来，肛門になり，口は原腸が前方の外胚葉と接してそこに開通する．いくつかの種では，原腸は発生の途中で閉鎖され，卵黄塊の中に新たに腸管が形成される．

羊膜類では，いわゆる原腸は形成されないので，広がった内胚葉とそれを裏打ちする形の内臓板中胚葉が，腹方に褶曲して正中線で融合して管を生じる（図 7.11）．管は前方から形成され，後には後方からも形成が始まり，前方の管と後方の管は腸の中程で出会って閉じる．ただし，羊膜類は卵黄嚢をもっていて，これは腸管とつながっているが，卵黄嚢がこの前方と後方の管の出会う場所（中腸）から突出することになる．羊膜類でも，原腸形成の始まる場所（ニワトリのヘンゼン結節やマウスの結節）は胚体の最後方にあり，生じた腸管のこの部分にはやがて肛門が生じるので，前後の関係は両生類と同じである．

生じた管は前方から，咽頭，肺，食道，胃，十二指腸，小腸，盲腸，大腸に分化し，その途中には肝臓と膵臓が形成される．重要なことは，消化管が前方から後方に至るまで，すべて内側を内胚葉性上皮，その周囲を内臓板中胚葉由来の間充織で取り巻かれていることである．この基本構造は変わることがない．

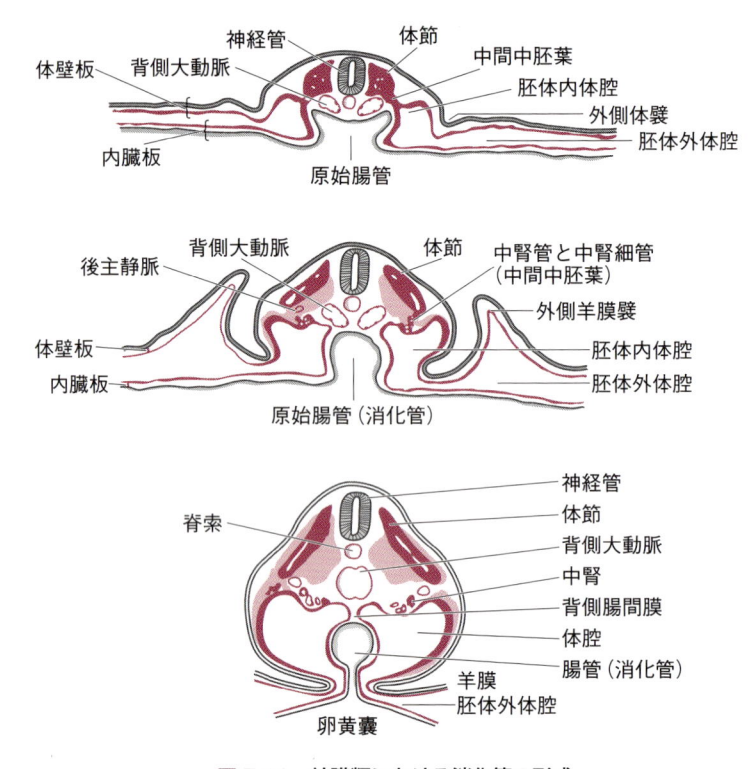

図 7.11 羊膜類における消化管の形成

7.8.2 咽頭の分化

　咽頭は口腔と食道をつなぐ領域であり，内面は内胚葉由来の上皮である．咽頭からは，肺の入り口というべき気管や，甲状腺などの器官が突出して形成される．一方，魚類などではここに呼吸器官である鰓が生じる（鰓孔）．鰓は，この部分の内胚葉が外側に，外胚葉が内側に陥入して接し，そこに穴が開口することで生じる．また鰓孔と鰓孔の間には鰓弓と呼ばれる中胚葉性の組織が，咽頭部の重要ないくつかの構造をつくる（図 7.12）．

　鳥類や哺乳類では鰓孔は発生途中にごく短期間開口するに過ぎない．いわば鰓孔はこれらの動物が魚類と共通の祖先から進化したことを示す，痕跡器官なのである．しかしこの領域の細胞は実はいろいろな器官へと分化する．

7.8 消化器官の形成

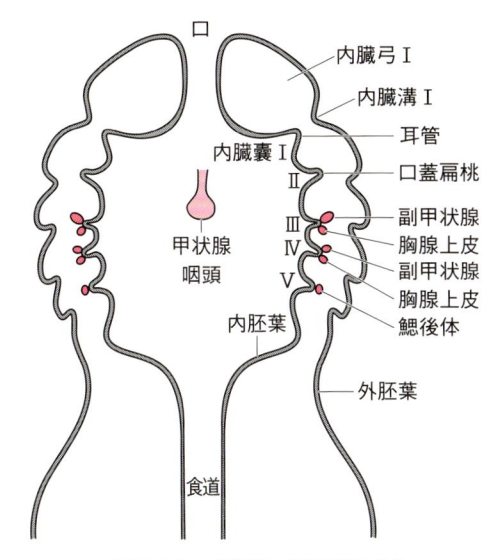

図 7.12　哺乳類の咽頭部の分化

　その様子は図 7.12 に示すとおりである．つまり，この領域の内胚葉細胞からは，副甲状腺や胸腺，鰓後体（上皮小体）などの重要な機能をもつ器官が形成される．また，内臓嚢Ⅰ（内胚葉が外側に陥入したもの）は内臓溝Ⅰ（外胚葉が内側に陥入したもの）と接して，鼓膜を形成する．内臓嚢Ⅰは，耳と喉をつなぐ耳管となる．

7.8.3　胃の形態形成と分化

　胃は食道に続く部分で，主たる機能はペプシンの分泌によるタンパク質の消化，塩酸の分泌による細菌等の滅菌である．塩酸はペプシンの活性にも必要である．脊椎動物の胃は，胃腺と呼ばれる腺構造をもち，腺上皮細胞がペプシンの前駆体であるペプシノゲンと塩酸を産生する．また上皮細胞自身をペプシンや塩酸の作用から保護するための粘液も産生される．さらに，上皮細胞のあるものはガストリンやソマトスタチンというホルモンを分泌する内分泌細胞である．ガストリンは胃酸やペプシン分泌を促進し，一方，ソマトスタチンは消化管ホルモンや成長ホルモンの分泌を抑制する．

■ 7章　器官形成における形態形成

　胃も発生初期には単純な管であるが，やがて上皮細胞が間充織中に陥入して胃腺を形成する．胃腺は，ほとんどの脊椎動物では単純腺であるが，鳥類の胃（前胃，腺胃）は複合腺をもつ．また鳥類の胃は，前胃と砂嚢（筋胃）とに分かれているのが特徴である．前胃がその名のとおり胃腺をもってペプシノゲンを分泌するのに対して，砂嚢は胃腺を形成せず，ペプシノゲンも分泌せず，上皮表面に硬いケラチン様タンパク質の被蓋をつくる．砂嚢には平滑筋層が発達し，穀粒などを破砕する機能をもっている．ここでは，この鳥類の胃について，筆者が行ってきた実験発生学的，分子生物学的研究の一端を紹介することにする（図 7.13）．

　上述のように，ニワトリには前胃と砂嚢が存在し，その形態も機能も大きく異なっている．しかし発生初期にはこの2つの器官は隣接していて，その境界もほとんど定かではない．われわれの興味は，それぞれの器官がどのようにして決定され，分化するか，ということであった．このような問題を追求する常套手段としてまず，未分化な前胃と砂嚢をニワトリ胚から取りだし，上皮と間充織を分離し，前胃間充織と砂嚢上皮，あるいはその逆の組合せを

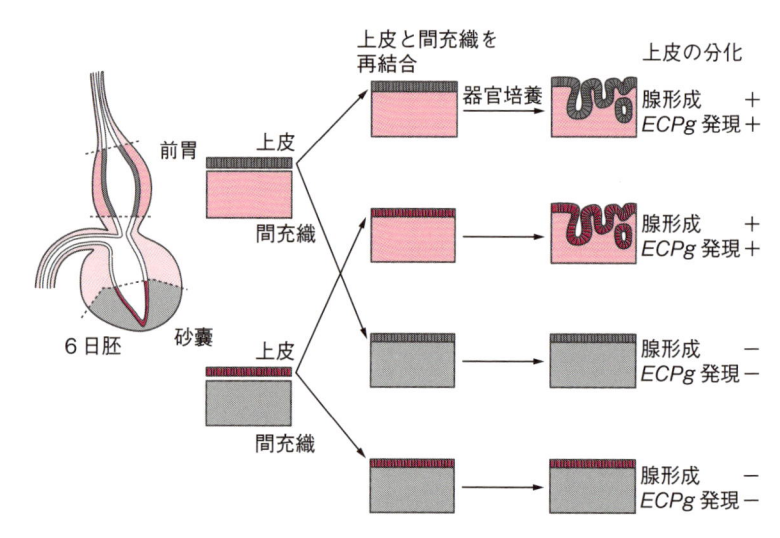

図 7.13　ニワトリ胚胃の形成における間充織の重要性を示す実験

7.8 消化器官の形成

つくって器官培養する．数日間の培養後，前胃上皮に特異的な腺形成とペプシノゲン遺伝子（*ECPg*）の発現を調べる．すると，上皮の発生運命は間充織によって決定されることがわかる．すなわち，砂嚢上皮は前胃間充織が存在すると，異形的に分化して前胃上皮になる．一方，前胃上皮は砂嚢間充織の影響下では決して腺形成も *ECPg* 遺伝子発現も示さない．このことは，少なくとも前胃と砂嚢に関しては，その上皮の発生運命が間充織からのなんらかの因子によって指令されることを示している．

われわれは，間充織因子として成長因子を想定し，BMP，FGF などが有力な候補であることを示した．とくに BMP2 は，前胃間充織で特異的に発現し，その作用を *Noggin* の強制発現で抑制するとまったく腺が形成されないことから，前胃間充織の腺形成因子としてはたらいていることが確認された．

前胃上皮はすべてが腺上皮に分化するわけではない．非腺上皮は内腔上皮と呼ばれ，ペプシノゲン遺伝子発現はなく，*cSP* と呼ばれる遺伝子を特異的に発現する．未分化な前胃上皮が腺上皮と内腔上皮に分化する機構についてもいくつかの遺伝子の関与が明らかになってきた．とくにすでに何回も登場している *Shh* は，その発現低下が腺形成に必須であることが示された．*Shh* を過剰発現すると，腺はまったく形成されず，すべての上皮細胞は *cSP* を発現する内腔上皮へと分化するのである．このような作用は，近年細胞分化やがん化と関連して注目される PPARγ という転写因子でも観察される．さらに，ノッチという遺伝子は，従来から，均一に見える細胞集団の中に特別な性質をもつ細胞集団を生み出すことが知られていたが，前胃上皮の場合にも，やはり腺上皮と内腔上皮の分化に深く関わることが明瞭に示された．現在では，ニワトリの前胃では，まずノッチにより腺上皮と内腔上皮の領域が決定され，その下流に Shh や PPARγ がはたらいて腺上皮の分化にかかわり，一方，間充織因子は腺の形態形成に必須の環境条件を提供する，と考えられている．もちろん，腺の形成とペプシノゲン遺伝子の発現という機能的な分化には，もしかしたら数百，あるいは数千の遺伝子が関与しているであろうが，主要な遺伝子についてはかなりの情報が得られてきている．

胃の分化に先立って，胃という領域を決定するプロセスがあるはずである．これには，前後軸に沿った *Hox* 遺伝子群が関わるという報告があり，また胃と食道や小腸との境界の決定に関わる転写因子群（Barx1 など）も少しずつ明らかになっている．

7.8.4　小腸の分化

小腸は食物の消化と吸収の機能を担う器官で，それを効率よく行うために，絨毛構造をもち，かつ上皮細胞が微絨毛という電子顕微鏡的微細構造を備えていることを前述した．小腸上皮細胞には多くの分子的マーカーが知られていることから，昔から上皮細胞の分化に関して，ホルモンや成長因子の関与，あるいは間充織からの作用が活発に研究されてきた．しかし，絨毛のような構造が成立するのに必要な条件などは未知のままである．

小腸の形態形成でもっとも顕著なのはいうまでもなく絨毛の形成である．ニワトリ胚についてその過程を見ると，孵卵 11 日までは上皮は平坦で，絨毛様構造は見られない．12-13 日になると，腸の内面に隆起が生じる．これは腸の前後軸に沿って連なるいわば山脈のような形で，山脈はジグザグ型をしている．さらに発生が進むと，山脈の尾根に，細胞の塊が突出して，これが絨毛の原基となる．山脈は一度にできるのではなく，最初に形成された山脈の間に新しい山脈ができる．しかし最終的に（孵化後 1 週間程度で）すべての山脈に絨毛の突起が形成される（図 7.14）．

マウスでも同様に，胎生 13.5 日では平坦な上皮が，15.5 日には多数の絨毛をもつようになり，18.5 日ではきわめて多くの，整然と配列した絨毛が観察され，すでに微絨毛も完備している．絨毛の基部には陰窩が存在するが，これがどのような過程で生じるのか，詳細な記載はない．マウスでは，上皮細胞の増殖能の研究から，胎生 15 日まではすべての領域の上皮細胞が分裂可能な細胞であること，16 日になると絨毛の上半分は増殖能を失い，出生後に陰窩が生じるともはや陰窩の上皮細胞以外は増殖能をもたないことがわかる．前述のように，陰窩には幹細胞が存在するが，発生途上での増殖能をもった細胞が幹細胞としての性質をもつかどうかも，現在のところ明らかではなく，興味深い研究対象である．

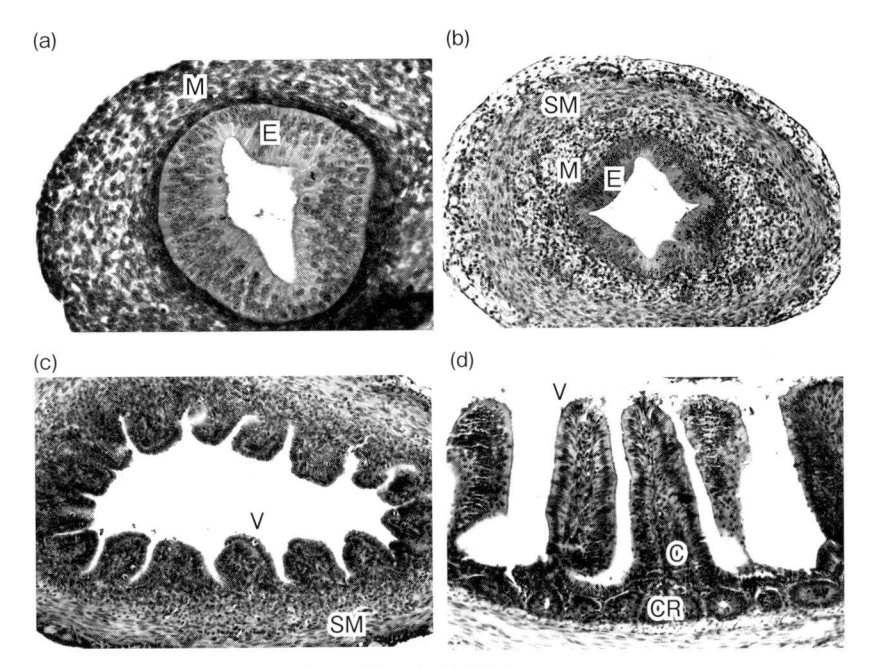

図 7.14 ニワトリ胚小腸の発生（八杉原図）
(a) 5日胚，(b) 11日胚，(c) 15日胚，(d) ヒヨコ（孵化後1週）．E：上皮，M：間充織，V：絨毛，SM：平滑筋，C：結合組織，CR：陰窩．倍率は (a) ×200，そのほかは×100．

　ニワトリ胚の前胃と砂嚢に関する実験から，砂嚢上皮は発生のある段階まで，前胃間充織の作用によって前胃上皮に分化することを，上に述べた．同様のことを小腸上皮を用いて行うと，少なくとも6日胚では小腸上皮の発生運命を前胃間充織によって変更することが困難であった．このことは，小腸上皮の分化能がすでに限定されていることを示している．ところが，最近の研究から，特定の遺伝子のはたらきによって，小腸上皮の発生運命を変更させることができることがわかった．

　ニワトリ胚でもマウス胚でも，原始消化管の前方は *Sox2*，後方は *Cdx* という，それぞれ転写因子をコードする遺伝子の発現で特徴づけられる．このことは，前方と後方の領域の性質が，これらの遺伝子で規定されるのではな

いかという考えを示唆する．そこで，遺伝子のはたらきを知る常套手段として，マウス胚を用いて，たとえば前方で*Cdx*遺伝子を強制発現させる，あるいは後方での*Cdx*遺伝子のはたらきを抑制する，という実験が行われた．*Sox2*についても同様のことが行われた．その結果，*Cdx*遺伝子は確かに領域の決定に重要で，*Cdx*を強制発現させた前方上皮では，本来後方に発現するマーカー遺伝子の発現が誘導され，一方，後方での*Cdx*発現の抑制は，前方タイプの遺伝子の発現をもたらした．ニワトリでは少し実験結果が異なるところもあるが，いずれにしても，小腸上皮は早くから*Cdx*遺伝子が発現することで，小腸上皮としてのアイデンティティー（性質）を獲得し，それはほかの器官の間充織の影響だけではなかなか変更できないことを示している．

小腸の形態を考えるときに，基部（陰窩）から頂部（絨毛の先端部）という極性が重要である．上皮細胞は陰窩で分裂し，分化しながら絨毛を上って最終的に先端部でアポトーシスを起こして剥離する．このような極性の確立に，何度も登場した*Shh*と，それに類似した因子であるイディアンヘッジホッグ（*Ihh*）が関与しているという証拠も提出された．

コラム3
モデル動物

　生物学において，広く研究に用いられる生物をモデル生物という．モデル生物が重要であるのは，多くの研究者が同一の生物を研究することで，それぞれのデータを比較し，種々の生物現象を統一的に解釈できるからである．モデル生物は，多くの場合，飼養繁殖が容易で，世代時間が短く，一度に多くの子が得られるなどの特性をもつ．また，ゲノムサイズが小さい方が分子的解析はしやすい．大腸菌，枯草菌などの原核生物，酵母菌，アカパンカビなどの真核単細胞の生物は，体制が簡単でありながら生物の基本的性質を備えているので，分子生物学や生化学のみならず系統学などでも重要なモデル生物となっている．植物ではメンデルが用いたエンドウが最初のモデル植物ということができ，現在ではシロイヌナズナ，イネ，コムギ，タバコなどがモデル植物として多用されている．

　動物では，アリストテレス以来，多くの種類が「観察」の対象となってきた．とりわけ発生の観察にはニワトリ胚（受精卵）が多く用いられてきた．19世紀から20世紀にかけて，実験発生学が興隆すると，両生類とウニが主要な実験材料となった．発生が解剖顕微鏡下に明瞭に観察できること，胚の部分的切除，移植なども容易であることがその理由であった．発生生物学の分野ではその後，細胞数が少ない，発生が急速に進行し胚が透明である，などの特性をもつ，線虫の一種 *Caenorhabditis elegans* や，ゼブラフィッシュもモデル動物としてよく用いられるようになった．また，再生の研究ではプラナリアやヒドラが重要な材料である．

　広い意味での生理学（分子生物学や生化学を含む）の分野では，なんといってもマウスがモデル動物のチャンピオンである．ヒトと同じ哺乳類に属すること，遺伝学の基礎がしっかりしていること，多くの純系株（系統）が作出されたことなどが，マウスを重要なモデル動物たらしめている．哺乳類ではこのほかに，ウサギ，ミニブタ，そして

■ 7章　器官形成における形態形成

何種類かの霊長類も近年よく用いられる.
　ショウジョウバエは，20世紀の初頭から主として遺伝学で用いられるようになった．ショウジョウバエは，先に述べたモデル生物のすべての特徴を備えているといって過言ではない．加えて，種々の方法（X線照射や化学薬品処理）によって，多様な突然変異体が作出され，その原因遺伝子が同定され，そしてそのホモログが脊椎動物でも見つかるようになって，多くの生物学分野でショウジョウバエの研究が先頭を走るようになっている．たとえばショウジョウバエの神経系と哺乳類の神経系には量的質的に大きな差異があると思われがちであるが，研究が進むに連れて，両者にはしばしば共通の遺伝子のはたらきが関与することも明らかになっている．本文にあるように，かつては相似器官の代表のように取り上げられてきた眼の発生において，ホモログと考えられる *eyeless* と *Pax6* が不可欠であるという事実は，ヒトとショウジョウバエの器官形成について新しい考え方をもたらした.
　生物のことを本当に知るためにはモデル生物の研究だけでは不十分である．生物はその本質として，共通性と多様性を示すからである．モデル生物ではない生物に関する知見は，モデル生物の研究と相互補完的であって，どちらも重要である．また，新しいモデル生物の発見，利用も今後の生物学の進歩のためには必須のことである．

あとがき

　本シリーズの編集委員である浅島 誠先生からこの企画の打診を受けたときは，ほとんど迷いなくお引き受けした．それは，私が長年にわたって研究してきたテーマがまさに「形態の形成」であったからであり，さらに，たまたま新しく所属した京都産業大学総合生命科学部での担当が「形態発生」という分野だったからである．したがって，私の心づもりとしては，これまでに蓄えてきた知識や見方を動員すれば，それほど時間もかからずに執筆できるのではないか，と思ったのである．しかし始めてみると，その予想はすぐに覆ってしまった．自分の知識や記憶がどれほど曖昧であるかを思い知らされた．一々元の書物や論文に戻って確かめる必要が生じたのである．それには理由がある．まえがきにも書いたように，現在の生物学は，なにごとも遺伝子のはたらきとして理解する必要がある．かつて有名な進化生物学者は「なにごとも進化の光に照らしてみなければ意味をなさない」と断言したが，今では「進化と遺伝子の光」としなければならない．いろいろな形態の発生や進化について考えるときも，現在の生物学がそれをどのように理解しているかを知るには，遺伝子のはたらきを抜きにしては不可能であり，私の頭にはそれに関する知識がきちんと整理されていなかったのである．そのために大分時間がかかってしまい，編集部の野田昌宏さんにはご心配とお手数をおかけした．

　しかし，実は本書の執筆は私にとっては楽しい時間であった．いくつかの大学での講義ノートやいくつかの著書を振り返りつつまとめていく作業は，自分の関心の変遷や深化を見つめることにつながり，新しい知識が少しは自分を「進化」させることになったからである．心配なのは，そのような思いが読者にどれほど伝わるかということである．読者が本書から，新しい知識や見方を得るとともに，生物の形態というものに関心をもって下されば，筆者としてこれ以上にうれしいことはない．

　口絵写真を提供して下さった方々に，厚く御礼申し上げる．

参考文献・引用文献

Benton, M. J. (2004) "Vertebrate Palaeontology" John Wiley & Sons, Inc., Hoboken.
Carroll, S. B. *et al.*（上野直人, 野地澄晴 監訳）(2003)『DNA から解き明かされる形づくりと進化の不思議』羊土社.
Colbert, E. H. (1980) "Evolution of the Vertebrates" John Wiley & Sons, Inc., Hoboken.
Cooper, G. M., Hausman, R. E.（須藤和夫ら 訳）(2008)『クーパー細胞生物学』東京化学同人.
Darwin, C.（八杉龍一 訳）(1990)『種の起原』岩波書店.
遠藤秀紀 (2006)『人体 失敗の進化史』光文社.
Feduccia, A., McCrady, E. (1991) "Torrey's Morphogenesis of the Vertebrates" John Wiley & Sons, Inc., Hoboken.
藤田敏彦 (2010)『動物の系統分類と進化』裳華房.
Gee, H.（藤沢弘介 訳）(2001)『脊椎動物の起源』培風館.
Gilbert, S. F. (2006) "Developmental Biology" Sinauer Associates, Inc., Sunderland.
Goodman, S. R. ed.（永田和宏ら訳）(2009)『医学細胞生物学』東京化学同人.
長谷川政美 (2003)『多様性の生物学』岩槻邦男 編, 放送大学教育振興会, p.120-131.
東中川 徹ら (2008)『ベーシックマスター　発生生物学』オーム社.
倉谷　滋 (1997)『かたちの進化の設計図』岩波書店.
倉谷　滋 (2004a)『動物進化形態学』東京大学出版会.
倉谷　滋 (2004b)『発生と進化』佐藤矩行ら, 岩波書店, p.120-157.
倉谷　滋・佐藤矩行 共編 (2007)『動物の形態進化のメカニズム』培風館.
Mayr, E.（八杉貞雄, 新妻昭夫 訳）(1994)『進化論と生物哲学』東京化学同人.
Mayr, E.（八杉貞雄, 松田　学 訳）(1999)『これが生物学だ』シュプリンガーフェアラーク東京.

McMahon, T. A., Bonner, J. T.（木村武二ら 訳）（2000）『生物の大きさとかたち』東京化学同人．

守　隆夫（2010）『動物の性』裳華房．

Portmann, A.（島崎三郎 訳）（1979）『脊椎動物比較形態学』岩波書店．

Portmann, A.（島崎三郎 訳）（1990）『動物の形態』うぶすな書院．

Radinsky, L. B. (1987) "The Evolution of Vertebrate Design" The University of Chicago Press, Chicago.

Romer, A. S., Parsons, T. S.（平光厲司 訳）（1983）『脊椎動物のからだ』法政大学出版局．

佐藤矩行ら（2004）『発生と進化』岩波書店．

佐藤矩行ら（2004）『マクロ進化と全生物の系統分類』岩波書店．

Slack, J.（大隅典子訳）（2007）『エッセンシャル発生生物学』羊土社．

牛木辰男ら（2003）『走査電顕アトラス　マウスの発生』岩波書店．

Weichert, C. K., Presch, W. (1977) "Elements of Chordate Anatomy" McGraw-Hill Company, New York.

Welsch, U., Storch, V.（本間義治 訳）（1980）『動物の比較細胞組織学』講談社．

Wilt, F. H., Hake, S. C.（赤坂甲治ら 訳）（2006）『ウィルト発生生物学』東京化学同人．

八杉貞雄（1992）『発生と誘導現象』東京大学出版会．

八杉貞雄（1993）『発生の生物学』岩波書店．

八杉貞雄 編著（2009）『医学・薬学系のための基礎生物学』講談社．

安井金也・窪川かおる（2005）『ナメクジウオ』東京大学出版会．

養老孟司（1986）『形を読む』培風館．

索　引

欧　字

AER 108
BMP 71, 114
BMP2 125
BMP4 95
Cdx 73, 127
ECPg 125
EGF 71
eyeless 101
FGF 58, 70, 92, 114
Fgf10 107
FGF8 108
GDNF 116
Hes7 97
Hox 遺伝子群 52, 126
MIS 120
Otx 57
Otx2 92
Pax6 101
PGC 117
Shh 58, 72, 94, 109
small eye 101
Sox2 127
Sry 118
Tbx 57, 110
Tbx4 57, 111
Tbx5 57, 111
Wnt 72
Y 染色体 118
ZPA 109

あ

アクチン 81
　──フィラメント 77
足細胞 10
アリストテレス 47

い

胃 123
イクチオステガ 32
一次性索 118
遺伝子 50
移動 76
移入 76
陰窩 126
インテグリン 79
咽頭 122

う

ウォルフ管 120
羽毛 33, 102
鱗 33, 102
運命決定因子 68

え

エナメル細胞 104
エナメル質 104
エピジェネシス 65
エピジェネティクス 68, 85
エピボリー 75, 87
鰓 39, 122
塩酸 123

沿軸中胚葉 95
延髄 42

お

オーガナイザー 92

か

階層性 12
外胚葉 23
外胚葉性頂堤 59, 108
外分泌腺 33
カドヘリン 15, 79, 89
カメラ眼 101
陥入 75
間脳 43
眼杯 99
眼胞 99

き

器官 12
気嚢 40
ギャップ結合 80
旧口動物 23
峡部 92
共有派生形質 28, 48
極性化活性帯 109
筋組織 18

く

グリア細胞由来神経成長因
　子 116

---

* 遺伝子名も立体で表記した．

索引

け

毛 33
形態 2
形態形成運動 86
形態と機能 5
形態の認識 4
結合組織 16
結合複合体 79, 80
ゲノム 85
原腸 88, 121
原腸形成 86

こ

後肢 57, 106, 110
後腎 114
後成説 64, 84
後脳 43, 92
呼吸器官 120
呼吸器系 39
個体発生 64
骨格系 34
骨形成タンパク質（BMP） 71, 114
骨組織 18
コラーゲン 17
コリニアリティ 54

さ

サイトカイン 67
細胞 15
細胞運動 77
細胞外基質 67
細胞環境 66
細胞骨格 80
　――系 15
細胞接着 79

――分子 15, 67
細胞分化 66
砂嚢 124

し

肢芽 106
視蓋 92
視覚中枢 43
軸索 91
始原生殖細胞 117
自己分泌シグナル 69
四肢 38, 57, 105
四肢骨 38
歯質 104
視床 45
視床下部 44
耳小骨 35
視床上部 44
視神経 43
始祖鳥 32
シナプス 91
姉妹群 29, 48
種 2
収束伸張 75
終脳 46
絨毛 6, 126
受精 85
シュペーマン 74, 99
受容体 67
消化器官 120
松果体 44
ショウジョウバエ 100, 130
小腸 6, 126
小脳 43
上皮間充織相互作用 74
上皮組織 16
心筋層 112

神経管 42, 88
神経系 41
神経組織 18
神経板 88
新口動物 23
心室 113
腎小体 9, 116
心臓 111
腎臓 8, 114
心内膜 112
真皮 102
心房 113

す

刷り込み 3

せ

性索 118
生殖細胞 116
生殖腺 116
生殖腺原基 118
生殖輸管 120
精子論者 65
成長因子 67, 69
脊索 88, 94
脊索動物 22
脊椎 36
脊椎動物 25
　――の系統 29
接着結合 79
接着複合体 79
ゼリー層 114
前胃 124
繊維芽細胞成長因子（FGF） 58, 70, 92, 114
前肢 57, 106, 110
前成説 64, 84

135

選択的遺伝子発現 66
前脳 92
全能性 66

そ

相似 8
造歯細胞 104
造腎間充織 115
相同 8
挿入 75
組織 12
組織間相互作用 73
ソニックヘッジホッグ 58, 72, 94, 109

た

ダーウィン 5, 48
体性骨格 34
体節 95
大脳 46
大脳皮質 46

ち

中隔 113
中間径フィラメント 81
中軸骨格 34
中心体 83
中腎輸管 114, 120
中枢神経系 41, 56
中脳 43, 92
中胚葉 23
チューブリン 82
腸管 121
調節 85
鳥類 30
チロシンキナーゼ 71

つ

対鰭 38, 57
椎骨 36, 54
翼 106

て

デスモソーム 79
転写因子 66

と

頭蓋 34
頭索動物 25
時計機能 97
トゲウオ 3

な

内臓板中胚葉 120
内胚葉 23, 120
ナメクジウオ 25, 56
軟骨組織 18

に

二次性索 118
ニッチ 68
二胚葉動物 23
ニューロン 18, 91
尿管芽 115
尿細管 9, 115

ね

ネフロン 9

の

脳 40, 56, 92
脳胞 41
ノックアウトマウス 55

ノッチ 125
ノッチシグナル 97
ノッチ-デルタ系 73

は

歯 103
肺 39
爬虫類 30
発生運命 66
発生による拘束 61
パラログ 55

ひ

ピカイア 22
比較発生学 51
尾索動物 25
微絨毛 6, 126
微小管 82
ヒトの発生 13
皮膚 32, 102
皮膚派生物 33
表皮 102
表皮成長因子（EGF）71
鰭 38, 57

ふ

ファイロタイプ 50, 60
ファイロティピック段階 52, 60
フィロポディア 77
複眼 101
分岐分類学 29, 48
分子 14

へ

ヘッケル 51
ヘッジホッグ 72

索引

ヘニッヒ 48
ペプシノゲン遺伝子 125
ペプシン 123
弁 113

ほ

傍分泌シグナル 69
ボディープラン 28
哺乳類 31
ホメオティック遺伝子 52
ホメオボックス 52
ホヤ 26
ホルモン 67

ま

巻き込み 75
末梢神経系 41

み

密着結合 79

ミュラー管 120
　――阻止物質 120

め

眼 6, 99

も

網膜 7, 99
モデル生物 100, 129
モルフォゲン 110

ゆ

ユーステノプテロン 31
誘導 74

よ

葉酸 90
羊膜類 29, 121

ら

ラメリポディア 77
卵割 85
卵子論者 65

り

リガンド 70
隣接分泌シグナル 69
リンネ 47

れ

レチノイン酸 109
レンズ 7, 99
レンズプラコード 100

ろ

濾胞 118

137

著者略歴

八杉 貞雄（やすぎ さだお）

- 1966年　東京大学理学部動物学教室卒業
- 1967年　東京大学理学系研究科修士課程中退
- 1967年　東京大学理学部助手
- 1989年　東京大学理学部助教授
- 1991年　東京都立大学理学部教授
- 2005年　首都大学東京都市教養学部教授（大学改組）
- 2007年　帝京平成大学薬学部教授・首都大学東京名誉教授
- 2009年　京都産業大学工学部教授
- 2010年より京都産業大学総合生命科学部教授　理学博士

主な著書

「よくわかる　基礎生命科学」（サイエンス社，2002年）
「ベーシックマスター　発生生物学」（オーム社，2008年，共著）
「医学・薬学系のための基礎生物学」（講談社，2009年，共著）

新・生命科学シリーズ　動物の形態 —進化と発生—

2011年 5月10日　第1版1刷発行

検印省略

定価はカバーに表示してあります．

著作者　八杉貞雄
発行者　吉野和浩
発行所　東京都千代田区四番町8番地
　　　　電話　03-3262-9166（代）
　　　　郵便番号 102-0081
　　　　株式会社　裳華房
印刷所　株式会社　真興社
製本所　牧製本印刷株式会社

社団法人
自然科学書協会会員

JCOPY 〈(社)出版者著作権管理機構 委託出版物〉

本書の無断複写は著作権法上での例外を除き禁じられています．複写される場合は，そのつど事前に，(社)出版者著作権管理機構（電話03-3513-6969，FAX 03-3513-6979, e-mail: info@jcopy.or.jp）の許諾を得てください．

ISBN 978-4-7853-5846-4

Ⓒ 八杉貞雄，2011　Printed in Japan

☆ 新・生命科学シリーズ ☆
（刊行予定一覧）

動物の系統分類と進化 ★	動物の性 ★
植物の系統と進化	植物の性
ゲノムと進化	神経生理学
エピジェネティクス	脳 －分子・遺伝子・生理－
動物の発生と分化	光合成
発生遺伝学 －ショウジョウバエ・ゼブラフィッシュ－	動物行動の分子生物学 動物の生態
動物の形態 －進化と発生－ ★	植物の生態
植物の成長 ★	古生物学と進化

★は既刊，タイトルは変更する場合があります

バイオディバーシティ・シリーズ

1 生物の種多様性	岩槻邦男・馬渡峻輔 編	定価 4725 円
2 植物の多様性と系統	加藤雅啓 編	定価 4935 円
3 藻類の多様性と系統	千原光雄 編	定価 5145 円
4 菌類・細菌・ウイルスの多様性と系統	杉山純多 編	定価 7140 円
5 無脊椎動物の多様性と系統	白山義久 編	定価 5355 円
6 節足動物の多様性と系統	石川良輔 編	定価 6615 円
7 脊椎動物の多様性と系統	松井正文 編	定価 5775 円

図解 分子細胞生物学	浅島 誠・駒崎伸二 共著	定価 5460 円
微生物学 －地球と健康を守る－	坂本順司 著	定価 2625 円
人類進化論 －霊長類学からの展開－	山極寿一 著	定価 1995 円
クロロフィル －構造・反応・機能－	三室 守 編	定価 4200 円
初歩からの 集団遺伝学	安田徳一 著	定価 3360 円

裳華房ホームページ　http://www.shokabo.co.jp/　2011年5月現在